FLASH CS6

动画设计与制作

主　编　王小云

副主编　李　烽　郭文杰

国防工业出版社

·北京·

内 容 简 介

Flash 软件是目前最流行的动画制作软件之一,具有强大的动画编辑和制作功能,创作者可以将各种多媒体元素融于一体,制作出带有交互功能的矢量动画。

本书实例丰富,步骤清晰,与实践结合非常紧密。通过十三章的内容,系统、全面、深入地介绍了 Flash CS6 的最新功能与操作方法,其内容涉及 Flash CS6 软件的基本知识、操作以及专业应用实例。完成每章的学习后,通过各章后的实例练习,读者可以有效的巩固所学知识并提高应用能力。

本书适合初、中级动画设计人员,也可以作为设计专业动画设计课程的教材使用。

图书在版编目(CIP)数据

Flash CS6 动画设计与制作/王小云主编. —北京:国防工业出版社,2015.1
ISBN 978 – 7 – 118 – 08972 – 1

Ⅰ.①F... Ⅱ.①王... Ⅲ.①动画制作软件 Ⅳ.①TP391.41

中国版本图书馆 CIP 数据核字(2014)第 278932 号

※

国防工业出版社 出版发行
(北京市海淀区紫竹院南路 23 号 邮政编码 100048)
北京奥鑫印刷厂印刷
新华书店经售
*
开本 787×1092 1/16 印张 18½ 字数 419 千字
2015 年 1 月第 1 版第 1 次印刷 印数 1—4000 册 定价 39.00 元

(本书如有印装错误,我社负责调换)

国防书店:(010)88540777 发行邮购:(010)88540776
发行传真:(010)88540755 发行业务:(010)88540717

前　言

在互联网高度发展的今天,文化正由过去的精英引领发展到当下的全民创作,更多的人愿意在网络的平台上表达自己的想法,Flash 就是一个不错的表达工具。

Flash 是一款网页动画制作软件,广泛应用于网页广告、MTV、游戏等领域。在中国,Flash 一经出现,就由于其风格简洁和操作方便,迅速普及。通过不断的更新、升级,软件交互日趋成熟,不断涌现出众多优秀的作品和作者。

目前比较流行的 Flash 软件版本是 Adobe 公司推出的 Flash CS6,该版本在以前基础上有了很大改进,在功能上也有所增强,可以让用户更容易、更方便地完成动画制作。而且随着 Adobe 公司整合力度的加大,Flash 与 Adobe 公司旗下的其他产品能够更好地互通有无,使其成为一个杰出的动画创作平台。

本书特点

结合当前现状,为了帮助广大 Flash 初学者能快速掌握 Flash CS6 基本的操作和基本应用,研究了不同层次的学习对象后,综合了多位经验丰富的一线老师,编写了这本书。

本书综合了初学者需要掌握的 Flash 知识,从实际需求出发组织结构,并结合典型案例讲述内容。软件是想法的载体,是表现的手段。创意和内涵永远是作品的根本,但实现创意的方法同样不能忽视。既不能本末倒置,技术为上;也不能眼高手低,轻视技术。所以,希望能通过一些案例,帮助喜欢 Flash 的朋友们了解这个工具,更好地表达自己的创意。

本书总体思路是以了解方法为首要目的、以基本操作为主要内容、以案例教学为主要特点。

主要内容

本书共 14 章,主要内容如下:

第 1 章:讲解 Flash 软件的基础知识和动画制作的全过程,包括 Flash CS6 的启动与退出、Flash 文档的新建和保存、Flash 的工具认识和 Flash 的舞台设置等知识,使读者初步认识 Flash CS6。

第 2 章~第 4 章:讲解在 Flash CS6 中编辑图形和文本的相关知识,包括绘制图形、填充图形和编辑图形以及设置文本属性等知识。

第 5 章:讲解在 Flash CS6 中的元件及“库”面板的使用,包括导入各种类型的素材、创建三种不同的元件、转换元件类型和“库”面板的使用等知识。

第 6 章:讲解了 Flash CS6 中的帧、图层和场景的知识,使读者能够更灵活地操作

Flash CS6。

第7章:讲解 Flash 动画的制作,其中包括简单动画(逐帧动画、补间动画)的制作、特殊动画(引导动画、遮罩动画)的制作等内容。

第8章~第9章:讲解在 Flash CS6 中为动画添加声音、图形、图像和视频,包括为帧和按钮添加声音、输出声音和设置声音;以及图形、图像和视频的导入和格式设置等内容。

第10章:讲解 ActionScript 的基本概念、语法规则、编写范例等,分别介绍了 ActionScript 2.0 和 ActionScript 3.0 两个版本的各自特点,以及一些面向对象编程的基础知识。

第11章:介绍 Flash CS6 中组件和模板的知识,通过调用组件并对其进行参数设置来制作交互动画。

第12章~第13章:介绍优化、发布和导出动画,并运用所学的 Flash 的知识,制作一个综合实例动画,以此熟悉用 Flash 制作复杂动画的方法。

本书约定

为了便于阅读理解,本书做如下约定:

用"+"号连接的两个键或三个键表示组合键,在操作时表示同时按下这两个或者三个键。例如:Ctrl + V 是指在按下 Ctrl 键的同时,按下 V 字母键;Ctrl + Alt + F10 是指在按下 Ctrl 键和 Alt 键的同时,按下功能键 F10。

连续的命令执行(级联菜单)采用了类似"【开始】→【所有程序】→【附件】→【写字板】"的方式,表示先单击【开始】按钮,打开【所有程序】菜单,再展开【附件】子菜单,最后选择【写字板】命令。

在没有特殊注明的情况下,Flash 均指 Flash CS6 中文版。

关于本书

本书的作者均已从事计算机教学及相关工作多年,拥有丰富的教学经验和实践经验,并已编写出版过多本计算机相关书籍。我们相信,一流的作者奉献给读者的将是一流的图书。

本书由太原理工大学王小云主编,李烽、郭文杰任副主编。参加本书编写的还有宋晰、兰方鹏、樊慧。其中:第1章~第3章由王小云编写,第4章由宋晰编写,第5章~第7章由李烽编写,第8章~第10章由郭文杰编写,第11章由兰方鹏编写,第12章由樊慧编写,第13章由郭宗平编写。在此,特别感谢山西金卡通公司设计总监太原动漫协会韩兴刚会长对本书的支持为本书提供了内容丰富的案例素材。

由于作者水平有限,加之时间仓促,书中疏漏和不足之处在所难免,恳请广大读者及专家不吝赐教。

编 者

2014 年 04 月

目　录

第1章 Flash 综述

Adobe Flash 是一款专业的动画软件，能用来创作动画电影、动画片等，能在设备中创建并发布丰富多彩的创意。

Flash 是一种交互式动画设计工具，与 gif 和 jpg 不同，用 Flash 制作出来的动画是矢量的，不管放大、缩小，都很清晰。用 Flash 制作的文件很小，便于在互联网上传输，而且它采用了流技术，能一边播放一边传输数据。交互性更是 Flash 动画的迷人之处，可以通过点击按钮、选择菜单来控制动画的播放。正是有了这些优点，才使 Flash 日益成为网络多媒体的主流。

学习要点：通过本章的学习，读者要熟练掌握以下内容：

* 了解 Flash 的发展。
* 了解动画的制作流程。
* 熟悉 Flash 的界面和基本操作。
* 掌握 Flash 工作环境的设置。

1.1 Flash 简介

Flash 的前身是 Future Wave 公司的 Future Splash，是世界上第一个商用的二维矢量动画软件，用于设计和编辑 Flash 文档。1996 年 11 月，美国 Macromedia 公司收购了 Future Wave，并将其改名为 Flash。在 2005 年 12 月 5 日，Macromedia 又被 Adobe 公司以 34 亿美元价格收购，其旗下的网页三剑客也归属到 Adobe 旗下。最新版本为 Adobe Flash Professional CS6。

1.1.1 什么是 Flash 动画

Flash 是以流控制技术和矢量技术等为代表，能够将矢量图、位图、音频、动画和深一层交互动作有机地、灵活地结合在一起，从而制作出美观、新奇、交互性更强的动画效果。它制作出来的动画具有短小精悍的特点，所以软件一推出，就受到了广大网页设计者的青睐，被广泛用于网页动画的设计，成为当今最流行的网页设计软件之一。

1.1.2 Flash 动画的特点

Flash 提供的物体变形和透明技术，使得创建动画更加容易，并为网页动画设计者的丰富想象提供了实现手段；其交互设计让用户可以随心所欲地控制动画，赋予用户更多的主动权，提供优化的界面设计和强大的工具，使 Flash 更简单实用。同时，Flash 还具有导出独立运行程序的能力，其优化下载的配置功能强大。Flash 为制作适合网络传输的网页动画开辟了新的道路。由于 Flash 记录的只是关键帧和控制动作，所生成的编辑文件(*.fla)，尤其是播放文件(*.swf)都非常小巧，这些正是无数网页设计者梦寐以求的。与其他的网页制作软件制作出来的动画相比，Flash 动画具有以下特点：

(1) Flash 动画受网络资源的制约一般比较短小，利用 Flash 制作的动画是矢量的，无论把它放大多少倍都不会失真。

(2) Flash 动画具有交互性优势，可以更好地满足所有用户的需要。它可以让欣赏者的动作成为动画的一部分。用户可以通过点击、选择等动作，决定动画的运行过程和结果，这是传统动画所无法比拟的。

(3) Flash 动画可以放在网上供人欣赏和下载，由于使用的是矢量图技术，具有文件小、传输速度快、播放采用流式技术的特点，因此动画是边下载边播放，如果速度控制得好，则根本感觉不到文件的下载过程。所以 Flash 动画在网上被广泛传播。

(4) Flash 动画有崭新的视觉效果，比传统的动画更加轻易与灵巧，更加"酷"。已经成为一种新时代的艺术表现形式。

(5) Flash 动画制作的成本非常低，使用 Flash 制作的动画能够大幅减少人力、物力资源消耗。同时，在制作时间上也会大幅减少。

(6) Flash 动画在制作完成后，可以把生成的文件设置成带保护的格式，维护了设计者的版权利益。

但是在网络上观看 Flash 动画需要插件的支持。因此，只有当用户的浏览器已经安装了插件时，才可以正常播放 Flash 动画。

1.1.3　Flash 的发展历史

Flash 的发展历史如表 1-1 所列。

表 1-1　Flash 的发展历史

版本名称	更新时间	增加功能
Future Splash Animator	1995 年	由简单的工具和时间线组成
Macromedia Flash 1	1996 年 11 月	Macromedia 更名后为 Flash 的第一个版本
Macromedia Flash 2	1997 年 6 月	引入库的概念
Macromedia Flash 3	1998 年 5 月 31 日	影片剪辑，Javascript 插件，透明度和独立播放器
Macromedia Flash 4	1999 年 6 月 15 日	文本输入框，增强的 ActionScript，流媒体，MP3
Macromedia Flash 5	2000 年 8 月 24 日	智能剪辑，HTML 文本格式
Macromedia Flash MX	2002 年 3 月 15 日	Unicode，组件，XML，流媒体视频编码
Macromedia Flash MX2004	2003 年 9 月 10 日	文本抗锯齿、ActionScript 2.0，增强的流媒体视频行为
Macromedia Flash MX Pro	2003 年 9 月 10 日	ActionScript 2.0 的面向对象编程，媒体播放组件
Macromedia Flash 8	2005 年 9 月 13 日	参数和滤镜设置
Macromedia Flash 8 Pro	2005 年 9 月 13 日	方便创建 FlashWeb，增强的网络视频
Adobe Flash CS3 Professional	2007 年	支持 ActionScript 3.0，支持 XML
Adobe Flash CS3	2007 年 12 月 14 日	导出 QuickTime 视频

版本名称	更新时间	增加功能
Adobe Flash CS4	2008 年 9 月	3D 转换，反向运动与骨骼工具，Deco 工具等
Adobe Flash CS5	2010 年	FlashBuilder，TLF 文本支持
Adobe Flash CS5.5 Professional	2011 年	支持 iOS 项目开发
Adobe Flash CS6 Professional	2012 年 4 月 26 日	生成 sprite 菜单，锁定 3D 场景，3D 转换

Adobe CS6 系列中的 Adobe Flash Professional CS6 是创建动画和多媒体内容的强大的创作平台，设计身临其境，而且在台式计算机、平板电脑、智能手机和电视等多种设备中都能体现一致效果的互动体验。Flash Professional CS6 具备广泛的发布支持、强大的设计功能、高效的编码工具，尤其是在 HTML5 方面有了诸多增强，通过免费的 Toolkit for CreateJS 扩展工具，用户能够通过 Flash CS6 丰富的动画和绘图功能制作符合 HTML5 标准的过渡内容，便捷地将资源和动画导出为高质量的 JavaScript 代码。

1.1.4 Flash 的应用领域

在现阶段，Flash 应用的领域主要有以下几个方面：

(1) 娱乐短片：当前国内最火爆，也是广大 Flash 爱好者最热衷应用的一个领域，即利用 Flash 制作动画短片，供大家娱乐。这是一个发展潜力很大的领域，也是一个 Flash 爱好者展现自我的平台。

(2) 片头：精美的片头动画，可以提升把网站的含金量。片头可以在很短的时间内把自己的整体信息传播给访问者，既可以给访问者留下深刻的印象，同时也能在访问者心中建立良好印象。

(3) 广告：有了 Flash，广告在网络上发布才成为了可能，而且发展势头迅猛。根据调查资料显示，国外的很多企业都愿意采用 Flash 制作广告，因为它既可以在网络上发布，同时也可以存为视频格式在传统的电视台播放。一次制作，多平台发布，所以必将会得到更多企业的青睐。

(4) MTV：在一些 Flash 制作的网站，几乎每周都有新的 MTV 作品产生。在国内，用 Flash 制作 MTV 也开始有了商业应用。

(5) 导航条：Flash 的按钮功能非常强大，是制作菜单的首选。通过鼠标的各种动作，可以实现动画、声音等多媒体效果，在美化网页和网站的工作中效果显著。图 1-1 所示为网页中的导航条。

图 1-1　网页中的导航条

(6) 小游戏：利用 Flash 开发"迷你"小游戏，在国外一些大公司比较流行，他们把网络广告和网络游戏结合起来，让观众参与其中，增强了广告效果。如图 1-2 所示，即一个著名游戏的 Flash 版本截图。

图 1-2　Flash 制作的游戏截图

（7）产品展示：由于 Flash 有强大的交互功能，所以一些大公司，如 Dell、三星等，都喜欢利用它来展示产品。可以通过方向键选择产品，再控制观看产品的功能、外观等，互动的展示比传统的展示方式更胜一筹。

（8）应用程序开发的界面：传统的应用程序的界面都是静止的图片，由于任何支持 ActiveX 的程序设计系统都可以使用 Flash 动画，所以越来越多的应用程序界面应用了 Flash 动画，如金山词霸的安装界面。

（9）开发网络应用程序：目前 Flash 已经大大增强了网络功能，可以直接通过 XML 读取数据，又加强与 ColdFusion、ASP、JSP 和 Generator 的整合，所以用 Flash 开发网络应用程序肯定会越来越广泛地被采用。

1.1.5　Flash Professional CS6 硬件环境

1．Windows

Intel Pentium 4 或 AMD Athlon 64 处理器；带服务包 3 或 Windows 7 的 Microsoft；
Windows XP：2GB 内存(推荐 3GB)；3.5GB 能用硬盘空间进行安装；安装过程中需要额外的可用空间(不能安装在可移动闪存设备上)；1024×768 显示屏(推荐 1280×800)；Java Runtime Environment 1.6；DVD-ROM 驱动器；多媒体功能需要 QuickTime 7.6.6 软件；Adobe Bridge 中的某些功能依托于支持 DirectX 9 的图形卡(至少配备 64MB VRAM)。

2．Mac OS

Intel 多核处理器；Mac OS X 10.6 或 10.7 版；2GB 内存(推荐 3GB)；4GB 能用硬盘空间记性安装；安装过程中需要额外的可用空间(不能安装在使用区分大小写的文件系统的卷或可移动闪存设备上)。1024×768 显示屏(推荐 1280×800)；Java 运行时环境 1.6；DVD-ROM 驱动器；多媒体功能需要 QuickTime 7.6.6 软件。

1.1.6　动画的制作流程

动画制作的流程是一个先分后合的过程，先把一个故事分解成一个个元件，再把一个个元件组合成一个动画，具体过程如下所述。

1．剧本

剧本是整个动画的基石，简单地说，剧本就是一个故事，当然，故事并不能直接变成动画，普通的故事不能产生直观的印象，也不能让动画制作者明白镜头里需要出现什么，那么这就需要把小说式剧本变成运镜式剧本，使用视觉特征强烈的文字表达方式，把各种时间、空间氛围用直观的视觉感受量词表现出来。运镜式剧本其实就是使用镜头语言来写作，用文字形式来划分镜头。

举例说明，如果剧本写到"秋天来了，天越发凉了"，如何去描述这一场景，这就需要把文字转换成明确的视觉感受。如可以写"满山的树叶都变红了，窗外的菊花在风中摇摆，行人纷纷穿上了长衫"，这样画面感就非常强。

2．分析剧本

(1) 当确定下来运镜式剧本之后。开始分析剧本，确定好三幕，分别主要讲以下事情：

第一幕为开端：故事的前提与情景，故事的背景。

第二幕为中端：故事的主体部分，故事的对抗部分。

第三幕为结束：故事的结尾。

(2) 把每一幕划分 *N* 个段落，把每一幕中都含有哪些段落确定，每一个段落主要是要讲哪些事情确定。

(3) 每一段落划分 *N* 个场景。把每一段落中都含有哪些场景确定，其中每一个场景都是由有清晰叙事目的、在同一时间发生的、相互关联的镜头组成，并且想好每个场景间的转场。

(4) 把每一场景划分 *N* 个镜头。用多个不同景别、角度、运动、焦距、速度、画面造型、声音，把一个场景中要说的事情说明白。

3．文件名命名规则

可以把动画的制作想象成在工厂制作一件产品，需要许多零件，经过许多工序，最终被许多工人组装制作出来。为了保证整个制作过程的流畅，好的命名是不可缺少的。每个零件和几个零件组成的配件，如果没有统一规范的名字，不可想象它们的混乱程度。事实上，一个普通的动画短片都有可能涉及到成百个元件，想让它们都能成为听话的士兵可不是件容易的事情，特别是当还需要和别人合作制作动画时。如可以如下所示，命名一些动画中需要的元素。

角色名号：JS+角色序列号

场景号：CJ+场景序列号

动作号：DZ+动作序列号

场景号：CJ+场景序列号

镜头号：JT+镜头序列号

视角号：SJ+视角序列号

制作人号：制作人员编号

4．分镜头

确定好剧本之后，就需要进行具体的动画设计，如图 1-3 所示，需要将剧本正式转化为一幅又一幅的画面，其密度类似于漫画。

5．角色设计

(1) 如图 1-4 所示，设计人物的正视角、背视角、侧视角、3/4 视角的图，可以是电子版的也可以是手绘稿。

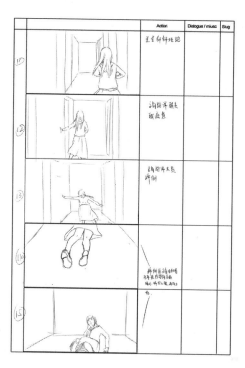

图 1-3　分镜头

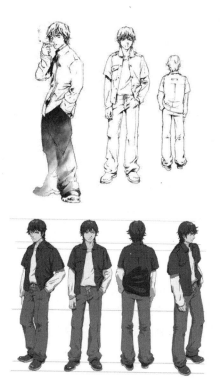

图 1-4　人物不同视角的造型

(2) 把角色人物在 Flash 上画出来。这需要制作元件，原则是：

● 每个需要动的部分设置为一个独立的元件，如头部、外侧胳膊、外侧腿部、身体、内侧胳膊、内侧腿部等。

● 把整个人物全都放在一个大的元件里。

● 把每个元件的中心点挪到和上一个元件连接的连接点。并且在上一个图层遮挡的下边多画出一部分，以便调整。

(3) 制作角色库。把所有角色的所有视角图分门别类存到库中，便于管理和使用。

6．场景设计

场景可以理解为是动画的背景，这时需要在初期根据剧本提前绘制好并存为元件，如图 1-5 所示，就是一个黄土高坡上窑洞的场景。

图 1-5　场景

7．动作设计

由于很多简单的动作如走路、跑步、说话等都是经常重复使用的，所以如图 1-6 所示，绘制一些动作的元件，以便于在动画制作的过程中使用。

8．镜头合成

开始制作动画后，可以根据需要不断补充和修改先期制作的元素。然后将这些元素合理的组织在一起，就会形成一个完整、流畅、紧凑的动画。而这个组合的过程就可以称为镜头合成。

图1-6　动作设计

9．声音合成

声音有背景音乐、动作特效和人声配音。实力雄厚的公司会有自己的音乐库和声音特效，小公司或个人可以在网上下载原声，然后使用其他的专业音频合成软件同 Flash 配套使用，共同完成声音的制作与添加。

10．测试和发布

当一个完整的动画在完成制作后，就可进入动画的测试环节。通过对动画进行必要的测试，确定动画是否达到预期的效果，并检查动画中出现的明显错误，以及根据模拟不同的网络带宽对动画的加载和播放情况进行检测，从而确保动画的最终质量。

通过测试动画，并适当调整动画后，就可根据设置的参数发布动画。除此之外，制作者还可根据需要，将动画中的声音或图形等动画要素以指定的文件格式导出，以便将其作为素材或单独的文件进行应用。

1.2　Flash CS6 的基本操作

1.2.1　启动 Flash CS6

初次打开 Flash 软件时会出现图1-7所示的开始页面。从左到右分别是"从模板创建"、"打开最近项目"、"新建"、"扩展"和"学习"，如果不希望每次打开软件时都出现这个开始页，可以单击左下角的"不再显示"，下次就直接打开一个空白 Flash 文档了。

(1) "从模板创建"，提供了不同文档类型的模板，可以直接调用。

(2) "打开最近项目"，可以通过单击快速打开曾经操作过的 Flash 文档。

(3) "新建"，如同文件菜单中的【新建】命令一样，可以创建 Flash 文件、幻灯片演示文稿、表单应用程序、ActionScript 文件等。

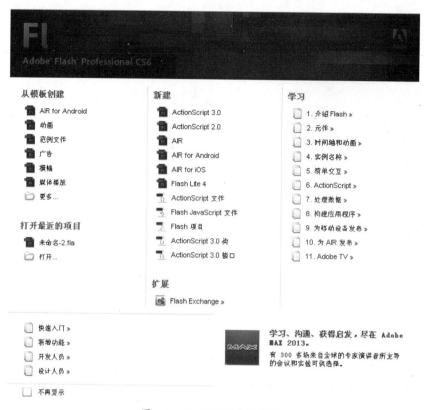

图 1-7 Flash CS6 启动界面

(4)"扩展",是一个超链接,如图 1-8 所示,链接到 https://www.adobeexchange.com/ download(中文版会链接到 http://www.adobe.com/cn/exchange/)。可以下载扩展程序、动作文件、脚本、模板以及其他可扩展 Adobe 应用程序功能的项目。这些项目由 Adobe 及社区成员创作。其中大多数项目可以免费获得。但有些是需要付费的。甚至可以创建并上载自己的文件,有点类似网络应用商店。

图 1-8 扩展 Flash Exchange

(5)"学习",均是超链接,连接到 Adobe 公司的官方帮助网页,当遇到问题时可以到有关网页上查看。

1.2.2 认识 Flash CS6 的操作界面

1. 新建 Flash 文件

要开始正式使用 Flash 软件了，可以通过多种方法新建 Flash 文件：
如果需开始启动后的"新建"一中的各种 Flash 文件；

也可以通过执行【文件】→【新建】命令，如图 1-9 所示在"新建文档"对话框中选择；还可以通过按【Ctrl+N】快捷键打开"新建文档"对话框。

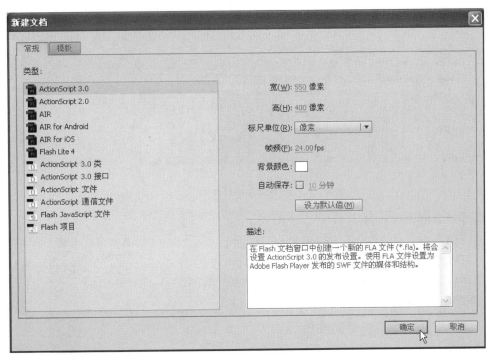

图 1-9　新建文档

需要注意：Flash 文件分为 ActionScript 2.0 和 ActionScript 3.0 两种，如果不涉及到编程，它们在大多情况下是没有区别的，仅有少数功能如"骨骼工具"，其只能在 ActionScript 3.0 文件中使用。而在编程上的区别将会在第 10 章和第 11 章中详细讲解。

2. 熟悉 Flash 界面

如图 1-10 所示，进入了 Flash 软件，看到了 Flash 的界面，由菜单栏、工作区、时间轴、信息辅助面板、属性面板和工具栏等部分组成。

(1) 菜单栏由 12 个命令菜单组成，分别是"文件"、"编辑"、"视图"、"插入"、"修改"、"文本"、"命令"、"控制"、"调试"、"窗口""帮助"和"基本功能"。

(2) 工具面板如图 1-11 所示，包括选项区、工具区、修改区、禀石区和颜色区。

● 选择区，分别为，

"选择工具" 其快捷键为 V；

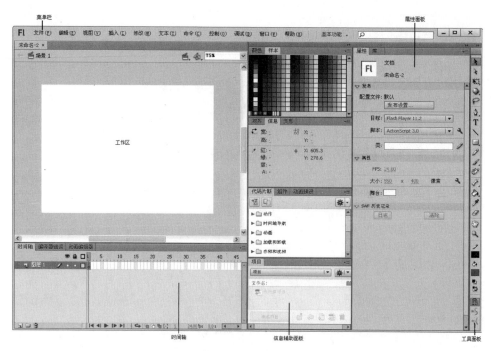

图 1-10 操作界面

"部分选取工具" 其快捷键为 A；

"任意变形工具" 其快捷键为 Q；

"3D 旋转工具" 其快捷键为 W；

"套索工具" 其快捷键为 L。

● Flash 绘画工具全都在工具区中，分别为：

"钢笔工具" 其快捷键为 P；

"文本工具" 其快捷键为 T；

"线条工具" 其快捷键为 N；

"矩形工具" 其快捷键为 R；

"铅笔工具" 其快捷键为 Y；

"刷子工具" 其快捷键为 B；

"Deco 工具" 其快捷键为 U。

● 修改区，分别为：

"骨骼工具" 其快捷键为 Z；

"颜料桶工具" 其快捷键为 K；

"滴管工具" 其快捷键为 I；

"橡皮擦工具" 其快捷键为 E。

● 察看区中有两个工具：

"手形工具" 其快捷键为 H；

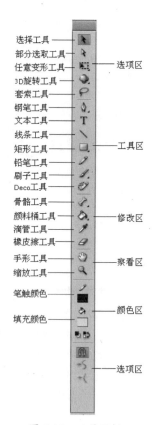

图 1-11 工具面板

"缩放工具" 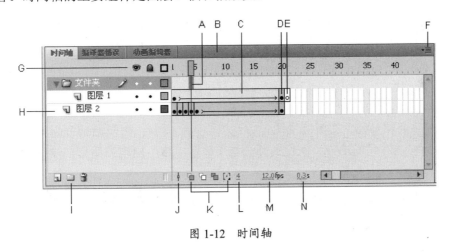 其快捷键为 M。

● 颜色区中也分为"笔触颜色"和"填充色"：

"笔触颜色" 用来调整线框方面的颜色；

"填充颜色" 为内部填充颜色。

● 选项区中会因为选择不同的工具而出现不同的选项，如图 1-11 所示，选项区中出现的是"选择工具"的选项内容。

(3) 属性面板。属性面板中的内容并不是固定的，会随着选择不同的工具而改变，默认的属性面板为 Flash 文档的设置面板。

(4) 时间轴。Flash 软件的控制大都在时间轴上完成，可以说时间轴是 Flash 最重要的组成部分，其构造如图 1-12 所示，主要用于组织和控制一定时间内的图层和帧中的文档内容。时间轴的主要组件是图层、帧和播放头。

图 1-12　时间轴

"图层"就像一个人穿的衣服，一层套一层，上面的图层总是优先显示，不透明的部分会遮住下面的图层内容。每个图层都包含一个显示在舞台中的不同图像。

"帧"就是动画中最小单位的单幅影像画面，相当于电影胶片上的每一格镜头。通过顺序播放每一帧的画面来达到动画效果。

A．播放头：指示当前在舞台中显示的帧。播放文档时，播放头从左向右通过时间轴。

B．时间轴标题：从左到右分别是：时间轴、动画编辑器、输出、编译器错误。单击选项卡深灰色的空白处可以打开或者收起时间轴面板，如果觉得工作区比较小，看着不舒服的话，可以临时收起时间轴面板。

C．补间动画。

D．关键帧：相当于二维动画中的原画。指角色或者物体运动或变化中的关键动作所处的那一帧。关键帧与关键帧之间的动画可以由软件来创建，叫做过渡帧或者中间帧。

E．空关键帧：没有任何对象存在的帧，主要用于在画面与画面之间形成间隔，它在时间轴上是以空心圆的形式显示，用户可以在其上绘制图形，一旦在空白关键帧中创建了内容，空白关键帧就会自动转变为关键帧，按 F7 快捷键可创建空白关键帧。

F. "帧视图"弹出菜单。

G. 图层控制组：从左到右依次为"显示或隐藏所有图层"按钮、"锁定或解除所有图层"按钮、"显示所有图层的轮廓"按钮。

H. 图层：要全选图层内容只要单击图层名称即可，双击该图层名称可以为图层进行重命名操作。

I. 图层编辑组：

"新建图层"按钮，单击该按钮可以添加图层。

"新建文件夹"按钮，如果图层特别多，看着非常碍眼的话，就可以通过单击这个按钮来解决，单击"新建文件夹"按钮，在图层上端增加了一个文件夹，我们只需要把图层拖到文件夹内，这样相同动作或名称的图层管理起来就非常方便了。

"删除图层"按钮，如果想删除图层，选择要删除的图层后，单击"删除图层按钮"。

J. "帧居中"按钮。

K. "绘图纸"组："绘图纸外观"、"绘图纸轮廓"、"编辑多个帧"按钮，"修改绘图纸标记"按钮。

L. "当前帧" 指示器。

M. "帧速率" 指示器。

N. 当前"运行时间"指示器。

(5) 工作区和舞台。在时间轴的上方是工作区和舞台，白色的部分为舞台，是输出播放文件后可以看到的地方，灰色的部分是工作区，这里出现的图形在输出的播放文件中是看不到的。

1.2.3　退出 Flash CS6

执行【文件】→【退出】命令(或按【Ctrl+Q】快捷键)，可以退出 Flash 文件。如果修改后未保存会弹出如图 1-13 所示的提示框，需要保存的话单击【是】，不需要保存单击【否】，取消退出操作可单击【取消】。

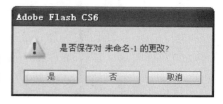

图 1-13　是否保存

1.3　工作环境的设置

1.3.1　设置场景大小及背景颜色

单击舞台的空白除，属性面板会如图 1-14 所示显示"舞台"的属性。可以设置动画的"帧频"、"大小"和"舞台"的背景颜色。

1．设置场景大小

单击"大小：550×400 像素"右侧的按钮，可以在弹出的"文档设置"对话框设置文档大小，如图 1-15 所示。

2．设置场景背景颜色

单击"属性面板"中"舞台"右侧的方框或"文档设置"对话框中"背景颜色"右侧的方框都可以设计场景的背景颜色。如图 1-16 所示，用吸管选择需要的颜色即可。

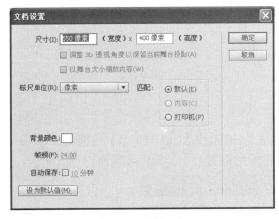

图 1-14 "舞台"属性

图 1-15 文档属性

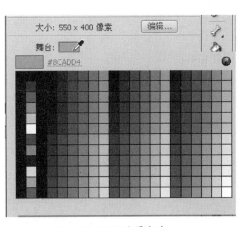

图 1-16 设置背景颜色

1.3.2 设置标尺、网格和辅助线

1. 设置标尺

执行【视图】→【标尺】命令(或按【Ctrl+Alt+Shift+R】快捷键),场景中将如图 1-17 所示显示标尺。

2. 设置网格

执行【视图】→【网格】→【显示网格】命令(或按【Ctrl+'】快捷键),舞台场景中将如图 1-18 所示显示网格。

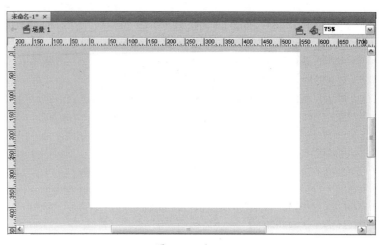

图 1-17　标尺

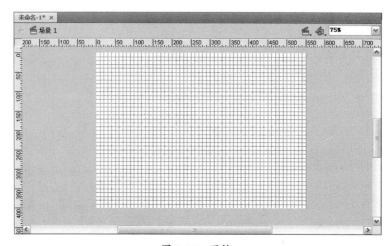

图 1-18　网格

执行【视图】→【网格】→【编辑网格】命令(或按【Ctrl+Alt+G】快捷键)，舞台场景中将如图 1-19 所示显示网格属性。可以设置网格的大小、颜色等属性。

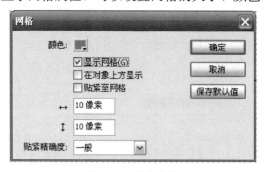

图 1-19　网格属性

3. 设置辅助线

(1) 辅助线就是当显示标尺时，可以如图 1-20 所示，从标尺上将水平辅助线和垂直辅助线拖动到舞台上。

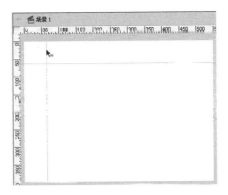

图 1-20　辅助线

(2) 要创建自定义辅助线或不规则辅助线，请使用引导层。如果在创建辅助线时网格是可见的，并且如图 1-21 所示，打开了"贴紧至网格"，则辅助线将贴紧至网格。

图 1-21　贴紧至网格

(3) 显示、设置和清除辅助线。要显示或隐藏绘画辅助线，执行【视图】→【辅助线】→【显示辅助线】命令。

要打开或关闭贴紧至辅助线，执行【视图】→【贴紧】→【贴紧至辅助线】命令。

要移动辅助线，使用"选取"工具单击标尺上的任意一处，将辅助线拖到舞台上需要的位置。

要删除辅助线，在辅助线处于解除锁定状态时，使用"选取"工具将辅助线拖到水平或垂直标尺。

要锁定辅助线，执行【视图】→【辅助线】→【锁定辅助线】命令，或者使用"编辑辅助线"(执行【视图】→【辅助线】→【编辑辅助线】命令)对话框中的"锁定辅助线"选项。

要清除辅助线，执行【视图】→【辅助线】→【清除辅助线】命令。 如果在文档编辑模式下，则会清除文档中的所有辅助线。 如果在元件编辑模式下，则只会清除元件中使用的辅助线。

(4) 编辑辅助线。

● 执行【视图】→【辅助线】→【编辑辅助线】命令，然后执行如图 1-22 所示的任一操作:

图 1-22　辅辑辅助线

● 要设置"颜色"，单击颜色框中的三角形，然后从调色板中选择辅助线的颜色。 默认的辅助线颜色为绿色。

要显示或隐藏辅助线，选择或取消选择"显示辅助线"选项。

若要打开或关闭贴紧至辅助线，选择或取消选择"贴紧至辅助线"选项。

选择或取消选择"锁定辅助线"。

要设置"对齐精确度"，从弹出菜单中选择一个选项。

要删除所有辅助线，单击【全部清除】按钮。"全部清除"命令将从当前场景中删除所有的辅助线。

若要将当前设置保存为默认值，单击【保存默认值】按钮。

● 单击【确定】按钮。

1.3.3　展开和隐藏面板或面板组

Flash 的功能非常多，每一组功能会形成一个面板，几个面板又会形成面板组。但由于界面空间有限，不能同时展开所有的面板。Flash 默认展开的面板有属性面板、库面板、工作面板及时间轴面板。当需要其他面板的时候，可以单击"窗口"菜单，然后图 1-23 所示，从中选出需要的面板单击即可。

如果想隐藏已经打开的面板，可以单击面板右上方的，然后选择"关闭"。

如果整个界面的面板调整乱了，可执行【基本功能】→【基本功能】命令，回到初始状态，如图 1-24 所示。也可以去其他一些预设的面板分布场景，如"设计人员"、"开发人员"等。该功能是 CS6 有别于以往的独特交互设计，极大方便了软件的用户。

图 1-23　部分窗口命令

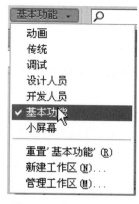

图 1-24　展开 Flash 面板

1.4 本章小结

本章就是为了让大家能够很快熟悉 Flash 的操作环境，通过本章的学习，在遇到同类的软件或者 Flash 更新的版本后，也能很快的上手。

1.5 实例练习——第一个 Flash 动画

(1) 执行【文件】→【新建】→【Flash 文件(ActionScript 2.0、3.0 均可)】命令，新建一个 Flash 文档。

(2) 在信息辅助面板中，如图 1-25 所示，设置笔触颜色为"空"；设置填充颜色的类型为"线性渐变"，左侧色标的 RGB 为"255，0，0"，右侧的为"80，0，0"。

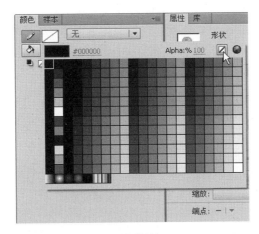

设置笔触颜色

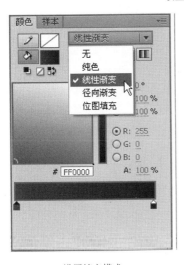

设置填充模式

设置填充颜色

图 1-25　设置笔触颜色和填充颜色

（3）使用"矩形工具"在舞台上绘制一个如图 1-26 所示的矩形。

（4）单击"矩形工具"右下侧的黑三角，如图 1-27 所示，在弹出的选择框中选择"椭圆工具"，需要注意，只要右下侧有黑三角的工具，都标明其是可扩展的，通常会有其他的可选项目。

图 1-26　绘制矩形

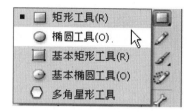

图 1-27　选择"椭圆工具"

（5）使用"椭圆工具"，将颜色设置为设置笔触颜色为"空"，设置填充颜色为"#FFCC00"，在舞台上绘制一个椭圆，并按照如图 1-28 所示的方式编辑该椭圆。

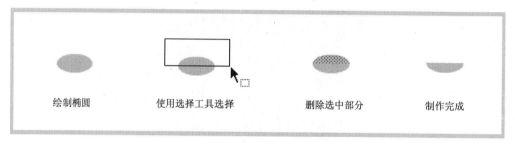

绘制椭圆　　　使用选择工具选择　　　删除选中部分　　　制作完成

图 1-28　绘制并编辑椭圆

（6）绘制其余椭圆图形，并如图 1-29 所示将其组合起来，形成一个烛台造型。

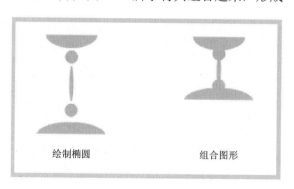

绘制椭圆　　　组合图形

图 1-29　绘制并组合图形

（7）如图 1-30 所示，将制作好的烛台放置到红色蜡烛之下。

（8）如图 1-31 所示，设置笔触颜色为"白色"，设置填充颜色为"#FE8989"。

（9）如图 1-32 所示，先使用刷子工具绘制烛泪外框，然后使用颜料筒工具填充。

（10）选中蜡烛，按【F8】键，如图 1-33 所示，将其存为名为"蜡烛"的影片剪辑。

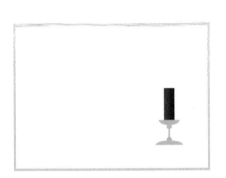

图 1-30　移动烛台

图 1-31　设置烛泪颜色

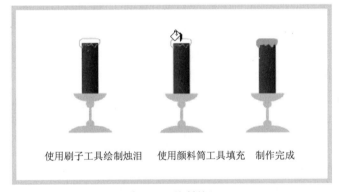

　　使用刷子工具绘制烛泪　　使用颜料筒工具填充　制作完成

图 1-32　绘制烛泪

图 1-33　存为影片剪辑

　　(11) 双击已经存为影片剪辑的蜡烛，进入影片剪辑编辑的编辑场景，用鼠标右键单击"图层 1"，在弹出的选择框中单击"插入图层"。并通过鼠标将新建的"图层 2"移到"图层 1"下方，如图 1-34 所示，在图层 2 上用刷子工具绘制一个蜡芯。

　　(12) 新建图层 3 和图层 4，如图 1-35 所示，在图层 3 绘制一个笔触颜色为"空"，填充颜色为"#CDFFFF"的椭圆。在图层 4 绘制一个笔触颜色为"空"，填充颜色为"#FFFFCD"的椭圆。

　　(13) 用鼠标单击图层 1 的第 15 帧，单击【F6】复制关键帧，然后在第 30 帧通用复制关键帧。并以此类推，如图 1-36 所示，复制其余 3 个图层的关键帧。

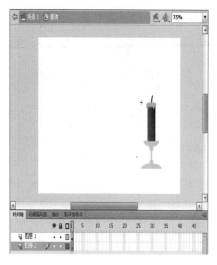

图 1-34 绘制蜡芯

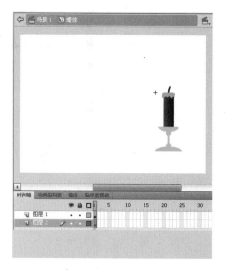

图 1-35 绘制火焰

(14) 单击图层 4 的第 15 帧，先使用放大工具放大图形，然后如图 1-37 所示使用部分选择工具调整黄色火焰的形状(按此方法调整图层 3 的蓝色火焰)。

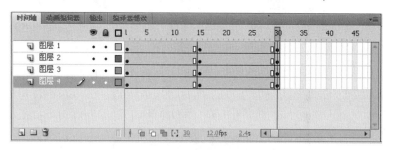

图 1-36 复制关键帧

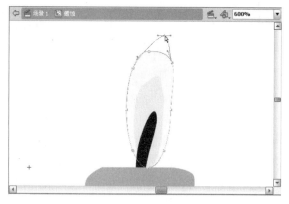

图 1-37 调整火焰形状

(15) 右键单击图层 3 时间轴上 1 到 15 帧之间的任意一帧，在弹出的选择框中选择"创建补间形状"。然后依次类推。如图 1-38 所示，在图层 3 和图层 4 其余部分创建补间形状。

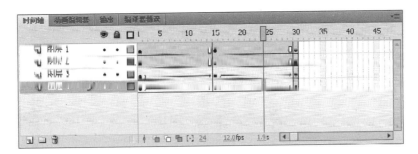

图 1-38　创建补间形状

(16) 如图 1-39 所示，设置笔触颜色为"空"，填充颜色为"#FFFF99"类型为"放射状"，右端颜色标签的 Alpha 值设置为"0"。

(17) 新建图层 5，如图 1-40 所示，使用椭圆工具在图层 5 上绘制一个圆形，形成烛光效果。

(18) 分别用右键单击图层 5 的第 15 帧和第 30 帧，在弹出的选择框中单击"转换为关键帧"。对第 15 帧的烛光略作调整后，如图 1-41 所示，制作形状补间动画。

图 1-39　设置烛光颜色

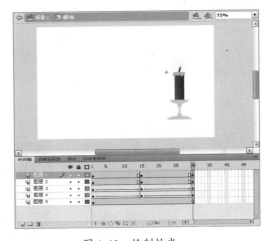

图 1-40　绘制烛光

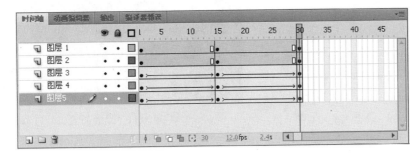

图 1-41　形状补间

(19) 如图 1-42 所示，单击右上方的"场景 1"回到主场景编辑状态中。

(20) 设置主场景的背景色为"黑色"，然后使用"文本工具"录入唐朝诗人李商隐的《无题》诗。

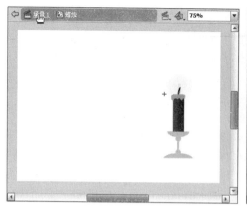 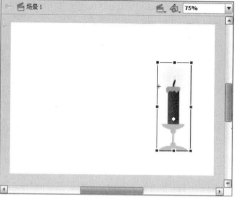

图 1-42　返回主场景编辑状态

无题　李商隐

相见时难别亦难，东风无力百花残。

春蚕到死丝方尽，蜡炬成灰泪始干。

晓镜但愁云鬓改，夜吟应觉月光寒。

蓬山此去无多路，青鸟殷勤为探看。

在录入前，如图 1-43 所示，在文本的属性中设置方向为"垂直"，系列为"迷你简启体"（"启体"是根据著名书法家启功先生的书法作品制作的字体，可选择自己喜欢的其他字体），大小为"30"点，颜色为"#FFFFCC"。

(21) 按【Ctrl+Enter】快捷键测试动画，完成效果如图 1-44 所示。

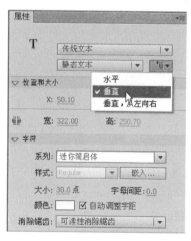

图 1-43　设置文本的字符

图 1-44　完成效果

第 2 章　绘制图形对象

Flash 是一款专业的矢量图形编辑和动画创作软件。矢量图可以通过导入的方式获得，还可以利用软件自带的绘图工具绘制。绘制图形是创作 Flash 动画的基础，Flash 提供了线条工具、钢笔工具、刷子工具等。熟练掌握这些工具就能绘制出各种各样的图形对象，使得动画更加精彩。

学习要点：通过本章的学习，读者要熟练掌握以下内容：

* 了解 Flash 绘图的基本操作。
* 如何在 Flash 中使用各种绘图工具绘制图形。
* 如何在 Flash 中如何对绘制好的图形进行底纹填充。
* 学习使用 Flash CS6 的新增功能。

2.1　绘 制 工 具

2.1.1　基本属性设置

如图 2-1 所示，在工具栏的底部可以预先定义所要绘制图形的轮廓线颜色和填充色等基本属性。

(1) 黑白：将轮廓线设置为黑色，填充色设置为白色。

(2) 交换颜色：并可以快速的将填充色和轮廓线颜色对调。

(3) 对象绘制(J)：对象绘制模式与合并绘制模式切换。

对象绘制模式：绘制的图形叠加在一起时，不会自动合并。在分离或重新移动这些图形时，形状的重叠不会改变图形的形状。当绘画工具处于对象绘制模式时，使用该工具创建的图形为自包含形状。形状的笔触和填充不是单独的元素，并且重叠的形状也不会互相更改。

图 2-1　基本属性设置工具

合并绘制模式：绘制的图形存在重叠现象时，将会使两个图形自动合并。在一个图层中互相重叠的图形，最顶层的形状会截去在其下面的与其重叠的部分。当绘制图形既包括笔触又包括填充时，笔触和填充色可以独立的选择和单独的移动。

(4) 贴紧至对象：可以将新建图形对象与已有的图形对象自动对齐。

2.1.2　线条工具

线条工具 用于绘制不同方向的矢量直线。在工具面板中选择线条工具，将光标移动到设计区，光标显示为十字形，按下鼠标左键并拖动即可绘制一条直线。按住【Shift】键，同时按下鼠标左键并拖动，可以绘制出水平、垂直以及45°为角度增量倍数的直线。绘制线段如图2-2所示。

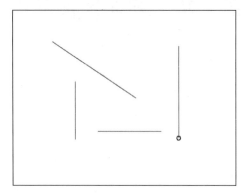

图2-2　绘制线段

在创建直线时，可以预先通过线条工具的属性面板定义直线的颜色、笔触和样式等参数；也可以在创建好直线后，使用选择工具 ▶ 单击绘制好的直线打开线条属性面板再定义直线的参数。线条属性面板的主要参数选项和具体作用：

(1) 位置和大小：位置定义了直线左侧端点的位置，大小则表示了直线相对于起点在 x 轴和 y 轴的宽度和高度。

(2) 笔触：设置直线的宽度。

(3) 笔触颜色：设置笔触的颜色即直线的颜色。

(4) 样式：设置直线的线型，包括实线、虚线、点状线等七种线型。通过编辑笔触按钮可以进一步定义不同线型的参数。

(5) 端点：设置直线端点的样式，可以选择无、圆角或方形端点样式。

(6) 接合：设置两条线段相接处的拐角端点样式，选项有尖角、圆角和斜角样式。

2.1.3　钢笔工具

钢笔工具(图2-3)可以绘制更为精确的线条和形状，使用钢笔工具可以绘制路径，路径可以根据需要修改。路径由一段或多段直线段或曲线段组成。每个段的起点和终点由锚点表示。路径可以是开放的，也可以是闭合的。绘图中最简单的路径是直线，通过编辑锚点，可以转变为曲线路径。曲线的形状由通过锚点的方向线的长度和斜率决定。

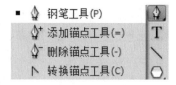

图2-3　钢笔工具

1. 绘制直线

绘图中最简单的路径是直线，通过单击钢笔工具来创建锚点，然后继续单击可创建由角点连接的线段，从而形成折线。

选择工具面板中的钢笔工具，在属性面板中设置笔触的颜色、样式等属性。

在舞台上单击鼠标左键，定义第一个锚点的位置，然后移动鼠标，依次单击确定其他锚点，由此创建一条折线。折线创建如图2-4所示。

2. 绘制曲线

绘制曲线与绘制直线类似，保持单击钢笔工具并拖动鼠标来平滑锚点，路径经过平滑点将形成曲线，曲线创建如图 2-5 所示。

图 2-4　创建折线

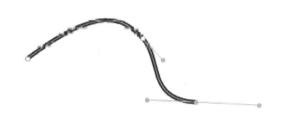

图 2-5　创建曲线

在创建路径过程中，按【Ctrl+Z】快捷键，可以取消上一个锚点。

编辑锚点：锚点有两种类型，角点和平滑点。路径通过角点，方向会突然改变；通过平滑点，方向不变，路径保持平滑。已绘制的锚点的类型可以改变。在绘制路径时，常常先绘制直线，然后根据需要将某些锚点改为平滑点，并通过方向线的长度和方向控制曲线的形状。锚点的数量不宜多，多余的锚点可以使用删除锚点工具删除。需要增加锚点改变路径时，也可以通过添加锚点工具来增加锚点。

2.1.4　刷子工具

刷子工具 可以绘制类似于刷子的笔触。这种笔触效果类似于毛笔线条。使用刷子工具可以选择刷子大小和形状。如果将绘图板连接到计算机，还可以使用刷子工具的"压力"和"斜度"功能键，如图 2-6 所示，从而改变刷子笔触的宽度和角度。

图 2-6　改变刷子笔触的宽度和角度

在工具面板中会显示锁定填充、刷子模式、刷子大小和刷子形状等选项按钮，如图 2-7 所示。

图 2-7　刷子工具属性面板

刷子大小和刷子模式可以控制笔触的粗细及形状。

刷子模式下拉列表中有 5 种刷子模式，如图 2-8 所示，具体作用为：

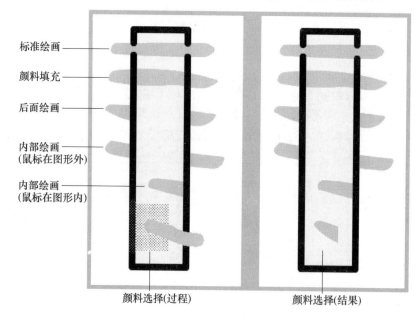

标准绘画

颜料填充

后面绘画

内部绘画
(鼠标在图形外)

内部绘画
(鼠标在图形内)

颜料选择(过程)　　　　　颜料选择(结果)

图 2-8　刷子模式

(1) 标准绘画：绘制的图形覆盖下面的图形。

(2) 颜料填充：可以对图形的填充区域或者空白区域进行涂色，但不会影响线条。

(3) 后面绘画：可以在图形的后面进行涂色，而不影响原有的线条和填充。

(4) 颜料选择：可以对已选择的区域进行涂绘，而未被选择的区域则不受影响。在该模式下，不论选择的区域中是否包含线条，都不会对线条产生影响。

(5) 内部绘画：涂绘的区域取决于绘制图形时鼠标的位置。如果鼠标在图形内单击，则对图形的内部进行涂绘；如果落笔在图形外，则只对图形的外部进行涂绘；如果在图形内部的空白区域开始涂色，则只对空白区域进行涂色，而不会影响任何现有的填充区域。该模式不会对线条进行涂色。

2.1.5 矩形工具与基本矩形工具

选择矩形工具或基本矩形工具(图 2-9)，在舞台上使用该工具拖动，即可创建长方形。按住【Shift】键可以创建正方形。按住【Alt】键创建矩形，可以以鼠标单击的位置为中心创建矩形。【Alt】键与【Shift】键可以同时使用。矩形工具的属性面板如图 2-10 所示。

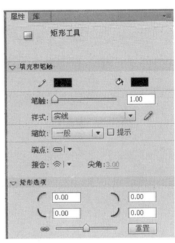

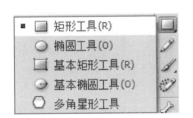

图 2-9　选择矩形工具　　　　　　　　　图 2-10　"矩形"属性

通过"游标"⬠拖动，或直接输入数值来设置"矩形选项"中的边角半径，该值可正可负，圆角的圆心分别在矩形内或矩形外。若要指定不同的倒角半径需要单击"挂锁"⬡，取消锁定四个倒角半径。创建矩形如图 2-11 所示。

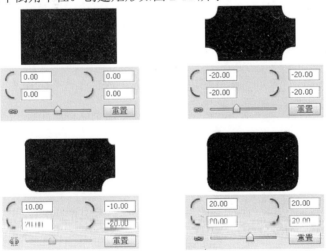

图 2-11　不同边角半径的矩形

2.1.6 椭圆工具与基本椭圆工具

选择椭圆工具或基本椭圆工具，在舞台上使用该工具拖动，即可创建椭圆形。按住【Shift】键可以创建圆形。按住【Alt】键创建椭圆，可以以鼠标单击的位置为中心创建椭圆。【Alt】键与【Shift】键可以同时使用。椭圆工具的属性面板如图 2-14 所示。

图 2-12 椭圆工具

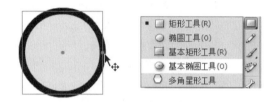

图 2-13 基本椭圆工具

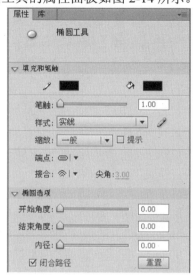

图 2-14 "椭圆图元"属性

(1) 开始角度：设置起始角度，缺省设置为 0°。

(2) 结束角度：设置结束角度，缺省设置为 0°；开始角度与结束角度相等时可以绘制出封闭的椭圆。

(3) 内径：设置内侧椭圆的大小，内径大小的范围为 0 到 99。

(4) 闭合路径：设置椭圆的路径是否闭合。默认情况该选项有效。取消该选项可以绘制一个开放形状的笔触(因为未封闭，所以没有填充色)。

设置不同参数，椭圆工具所绘制的图形如图 2-15 所示。

2.1.7 多角星形工具

如图 2-16 所示，多角星形工具可以绘制指定边数的多边形或星形。通过修改相应的选项参数，即可指定多边形的边数或其他属性。

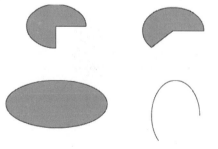

图 2-15 椭圆工具所绘制的图形

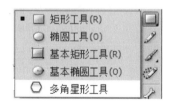

图 2-16 多角形工具

在多角星形工具属性面板，可以设置多边形的填充色和笔触。单击"工具设置"下面的"选项"按钮，在弹出的"工具设置"对话框中，可以设置多边形的外形：

"样式"下拉列表中可以选择"星型"或"多边形"；

"边数"决定了所要画的是几边形；

"星形顶点大小"只在"样式"为"星形"的情况下才起作用，其取值范围为 0.00~1.00，它可以决定星形多边形的胖瘦，值越低，绘制出来的星形多边形越纤细。

如图 2-17 所示，从左至右，分别绘制了六边多边形、三边多边形、三边星形、六边星形。

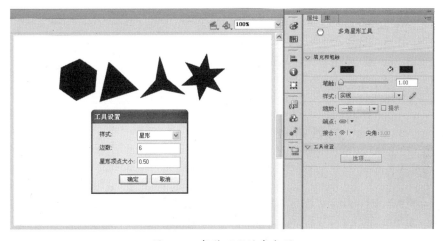

图 2-17 各种不同的多角形

2.2 设置对象的填充与笔触颜色

Flash 中的图形分为笔触和填充图形两大类，需要分别设置它们的颜色。对于填充图形，可使用纯色、渐变色或位图进行填充。

2.2.1 学习"颜色"面板

设置颜色一般要使用"颜色面板"，若在软件中没有发现该面板，可执行【窗口】→【颜色】命令(或按【Ctrl+Alt+F9】快捷键)打开如图 2-18 所示的颜色面板。

在颜色面板中可以设置"笔触颜色"以及"填充颜色"，并可设置其颜色类型。颜色面板的下拉列表框中包括以下五种类型。

- 无：删除颜色。
- 纯色：设置单一颜色。
- 线性渐变：产生沿线性方向混合的颜色渐变效果。
- 径向渐变：产生从一个中心点出发沿环形轨道向外混合的渐变效果。

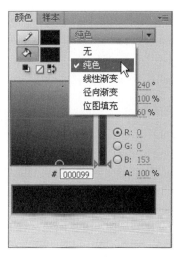

图 2-18 颜色面板

● 位图填充：用点阵图像平铺所选的填充区域。选择该选项时，系统会显示一个对话框，用户使用该对话框可以选择计算机上的位图图像文件，并将其添加到库中。

2.2.2 纯色

如图2-19所示，纯色就是使用单一颜色填充对象，选择颜色的模式包括RGB和HSB。可以使用十六进制选择所需要的颜色，也可以使用调色板选择颜色。具体方法是选择一个要填充的图形对象，然后在颜色面板中选择类型为纯色，然后单击填充颜色按钮，在弹出的调色板中选择颜色。选中对象就改变了填充颜色。

2.2.3 线性渐变

如图2-20所示，渐变是由一种颜色逐渐转变为另一种颜色。线性渐变是指沿着某一线性方向(水平或垂直)改变颜色。

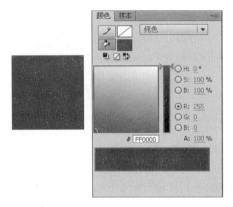

图 2-19　纯色

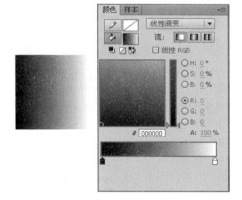

图 2-20　线性渐变

2.2.4 放射状渐变

如图2-21所示，放射状渐变是指从一个中心点向外改变颜色。用户可以设置渐变的方向、颜色、中心点位置等属性。

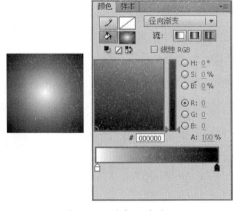

图 2-21　放射状渐变

2.2.5　编辑渐变填充效果

除了可以在颜色面板中修改渐变颜色外，还可以使用渐变变形工具修改渐变的角度和位置等属性。单击工具面板中的任意变形工具，在弹出的菜单中选择渐变变形工具，使用该工具单击渐变填充或位图填充的图形区域，如图 2-22 所示，此时会显示一个带有编辑手柄的边框。当光标位于这些手柄上，会自动显示出该手柄的功能。

- 中心点：当光标位于中心点时，会变为四向箭头，此时可拖动整个边框，相当于修改渐变填充的中心点位置。
- 焦点：仅在放射状渐变时才显示焦点手柄。焦点手柄的变换图标是一个倒三角形，可用于精确定位放射状渐变的焦点位置。
- 大小：调整渐变范围。拖动该手柄时，整个边框均会缩放。
- 旋转：调整渐变的角度。
- 宽度：调整渐变的宽度。

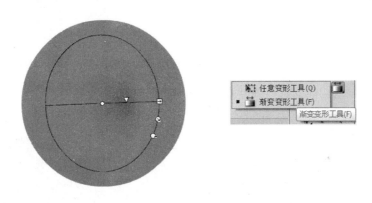

图 2-22　编辑渐变填充效果

2.2.6　位图填充

位图是点阵图，常见的格式有 BMP、JPG 等。应用位图填充，可以将位图图像填充至所绘图形区域内。位图文件可以预先导入到库里，也可以在定义位图填充时指定文件名和在计算机中的位置。

2.2.7　改变位图填充效果

渐变变形工具可以缩放、旋转或倾斜图像及其位图填充。具体方法是从工具面板中选择渐变变形工具。单击位图填充的区域。系统将显示一个带有编辑手柄的边框。当指针在这些手柄中的任何一个上面的时候，它会发生变化，显示该手柄的功能。

如图 2-23 所示，拖动中心点改变位图填充的中心点位置。

如图 2-24 所示，拖动边框边上的方形手柄，改变位图填充的宽度。

如图 2-25 所示，拖动边框底部的方形手柄，更改位图填充的高度。

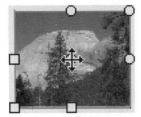
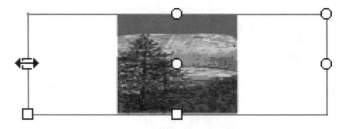

图 2-23　改变位图填充的中心点位置　　　　图 2-24　改变位图填充的宽度

如图 2-26 所示，拖动角上的圆形旋转手柄，旋转位图填充。

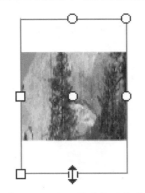
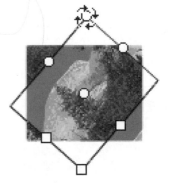

图 2-25　改位图填充的高度　　　　　　　图 2-26　旋转位图填充

如图 2-27 所示，拖动边框顶部或右边圆形手柄，可以倾斜形状中填充。

如图 2-28 所示，若要在形状内部平铺位图，请缩放填充。

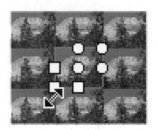

图 2-27　倾斜形状中填充　　　　　　　图 2-28　缩放填充

2.2.8　用墨水瓶工具填充

使用墨水瓶工具可以定义将设置好的笔触快速地应用在图形对象上。在工具面板中选择墨水瓶工具，在属性面板中设置笔触的颜色、宽度、样式等参数，使用该工具选择图形对象改变其笔触效果。

2.2.9　滴管工具

使用滴管工具可以快速将所选择对象的填充和笔触取样，然后应用在其他图形对象上。具体方法是，在工具面板中选择滴管工具。使用滴管工具选择图形，如果光标在填充部位单击选择到图形的填充；如果光标在笔触位置单击则选中图形的笔触。使用滴管工具取样完毕后，光标自动变为颜料桶工具(填充取样)或墨水瓶工具(笔触取样)，再单击其他的图形就会将取样的填充或笔触应用于该图形。

2.3 Deco 工具详解

Deco 工具是 Flash 中一种类似 "喷涂刷" 的填充工具，使用 Deco 工具可以快速完成大量相同元素的绘制，也可以应用他制作出很多复杂的动画效果。将其与图形元件和影片剪辑元件配合，可以制作出效果更加丰富的动画效果。

如图 2-29 所示，Deco 工具提供了 13 种绘制效果。除了使用默认的一些图形绘制以外，Flash 还为用户提供了开放的创作空间。可以让用户通过创建元件，完成复杂图形或者动画的制作。

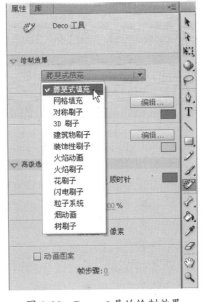

图 2-29　Deco 工具的绘制效果

2.3.1　藤蔓式填充

图 2-30 所示，利用藤蔓式填充效果，可以用藤蔓式图案填充舞台、元件或封闭区域。通过从库中选择元件，可以替换插图。生成的图案将包含在影片剪辑中，而影片剪辑本身包含组成图案的元件。

(1) 选择 Deco 绘画工具，然后在属性检查器中从 "绘制效果" 菜单中选择 "藤蔓式填充"。

(2) 在 Deco 绘画工具的属性检查器中，可以如图 2-31 所示，选择树叶和花的填充颜色。

或者，单击"编辑"从库中选择一个自定义元件(有关元件和库的概念请参看第 5 章)，以替换默认花朵元件和叶子元件之一或同时替换二者。可以使用库中的任何影片剪辑或图形元件，将默认的花朵和叶子元件替换为藤蔓式填充效果。如果库中尚无元件，会弹出如图 2-32 所示的提示框。

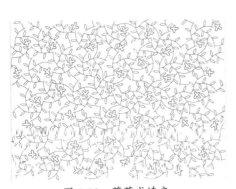

图 2-30　藤蔓式填充

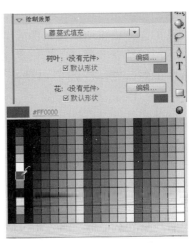

图 2-31　选择填充颜色

（3）如图 2-33 所示，在"高级选项"中，可以指定填充形状的水平间距、垂直间距和缩放比例。应用藤蔓式填充效果后，将无法更改属性检查器中的高级选项以改变填充图案。

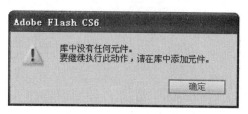

图 2-32　无元件提示框

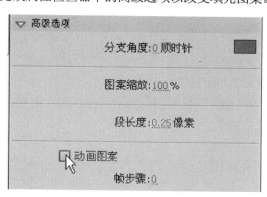

图 2-33　高级选项

- 分支角度：指定分支图案的角度。
- 分支颜色：指定用于分支的颜色。
- 图案缩放：缩放操作会使对象同时沿水平方向(沿 x 轴)和垂直方向(沿 y 轴)放大或缩小。
- 段长度：指定叶子节点和花朵节点之间的段的长度。
- 动画图案：指定效果的每次迭代都绘制到时间轴中的新帧。在绘制花朵图案时，此选项将创建花朵图案的逐帧动画序列。
- 帧步骤：指定绘制效果时每秒要横跨的帧数。

（4）单击舞台，或者在要显示网格填充图案的形状或元件内单击，即可完成如图 2-30 所示的藤蔓式填充。

2.3.2　网格填充

网格填充可以把基本图形元素复制，并有序地排列到整个舞台上，产生类似壁纸的效果。

使用网格填充效果，可以用库中的元件填充舞台、元件或封闭区域。将网格填充绘制到舞台后，如果移动填充元件或调整其大小，则网格填充将随之移动或调整大小。

使用网格填充效果可创建棋盘图案、平铺背景或用自定义图案填充的区域或形状。对称效果的默认元件是 25×25 像素、无笔触的黑色矩形形状。

（1）选择 Deco 绘画工具，然后如图 2-34 所示，在属性检查器中从"绘制效果"菜单中选择"网格填充"。

（2）在"属性"检查器中，可以使用默认矩形形状及黑色填充，单击舞台，或者在要显示网格填充图案的形状或元件内单击。结果如图 2-35 所示。

或者如图 2-36 所示，单击【编辑】，然后如图 2-37 所示，从库中选择自定义元件。

最多可以将库中的 4 个影片剪辑或图形元件与网格填充效果一起使用。当 Flash 填充网格时将替代元件。如图 2-38 所示，选择了三个不同的元件，其中两个元件"方形"和"圆形"是库中自定义的元件，黑色的正方形是"默认形状"。

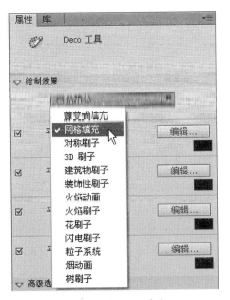

图2-34 选择网格填充

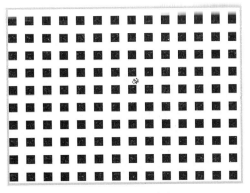

图2-35 网格填充

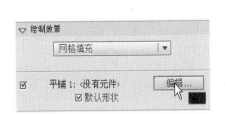

图2-36 编辑"网格填充"

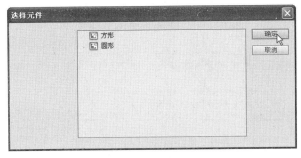

图2-37 选择元件

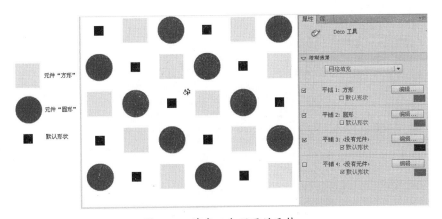

图2-38 填充三个不同的元件

需要注意，填充后的画面将是一个"组"，想要单独编辑其中的每个元件时，需要如图2-39所示，双击待编辑的元件，进入组场景，可以如图2-40所示，对组中的每个元件做出调整。

图 2-39　双击元件进入组场景

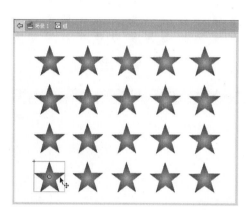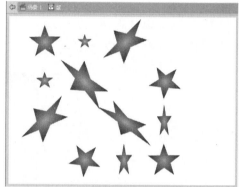

图 2-40　调整组中的元件

(4) 可以如图 2-41 所示，为网格填充选择布局。有三种布局可供选择。

● 平铺模式：以简单的网格模式排列元件。

● 砖形模式：以水平偏移网格模式排列元件。

● 楼层模式：以水平和垂直偏移网格模式排列元件。

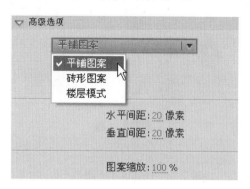

图 2-41　高级选项

(5) 如图 2-42 所示，要使填充与包含的元件、形状或舞台的边缘重叠，选择"为边缘涂色"选项。

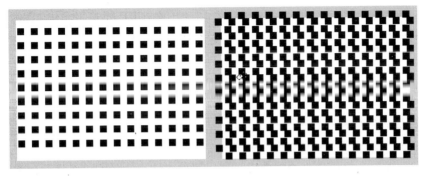

普通模式   为边缘涂色

图 2-42　为边缘涂色

如图 2-43 所示，要允许元件在网格内随机分布，选择"随机顺序"选项。

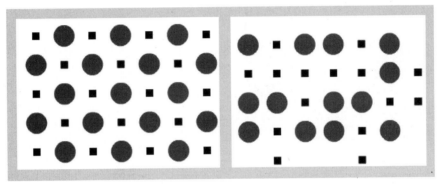

普通模式   随机顺序

图 2-43　随机顺序

(6) 可以指定填充形状的水平间距、垂直间距和缩放比例。(以像素为单位)应用网格填充效果后，将无法更改属性检查器中的高级选项以改变填充图案。

- 水平间距：指定网格填充中所用元件之间的水平距离。
- 垂直间距：指定网格填充中所用元件之间的垂直距离。
- 图案缩放：沿水平方向(沿 x 轴)和垂直方向(沿 y 轴)放大或缩小元件。

2.3.3　对称刷子

如图 2-44 所示，使用对称刷子效果，可以围绕中心点对称排列元件。在舞台上绘制元件时，将显示手柄，使用手柄增加元件数、添加对称内容或者修改效果，来控制对称效果。使用对称刷子效果可以创建圆形用户界面元素(如模拟钟面或刻度盘仪表)和旋涡图案。

使用对称刷子效果，可以围绕中心点对称排列元件。在舞台上绘制元件时，将显示一组手柄。可以使用手柄通过增加元件数、添加对称内容或者编辑和修改效果的方式来控制对称效果。

使用对称刷子效果可以创建圆形用户界面元素(如模拟钟面或刻度盘仪表)和旋涡图

案。对称刷子效果的默认元件是 25×25 像素、无笔触的黑色矩形形状。

(1) 选择 Deco 绘画工具，然后在属性检查器中从"绘制效果"菜单中选择"对称刷子"。

(2) 在 Deco 绘画工具的属性检查器中，选择用于默认矩形形状的填充颜色。或者，单击【编辑】以从库中选择自定义元件。

可以将库中的任何影片剪辑或图形元件与对称刷子效果一起使用。通过这些基于元件的粒子，可以对在 Flash 中创建的插图进行多种创造性控制。

(3) 在属性检查器中从"绘制效果"弹出菜单中选择"对称刷子"时，如图 2-45 所示，属性检查器中将显示"对称刷子"高级选项。

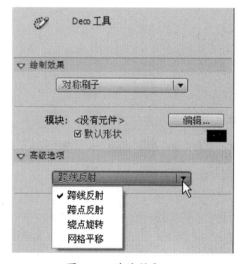

图 2-44　对称刷子

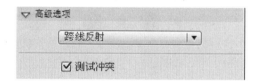

图 2-45　高级选项

● 旋转：围绕指定的固定点旋转对称中的形状。默认参考点是对称的中心点。若要围绕对象的中心点旋转对象，请按圆形运动进行拖动。

● 跨线反射：按指定的不可见线条等距离翻转形状。

● 跨点反射：围绕您指定的固定点等距离放置两个形状。

● 网格平移：使用按对称效果绘制的形状创建网格。每次在舞台上单击 Deco 绘画工具都会创建形状网格。使用由对称刷子手柄定义的 x 和 y 坐标调整这些形状的高度和宽度。

● 测试冲突：不管如何增加对称效果内的实例数，可防止绘制的对称效果中的形状相互冲突。取消选择此选项后，会将对称效果中的形状重叠。

(5) 单击舞台上要显示对称刷子插图的位置。如图 2-46 所示，使用对称刷子手柄调整对称的大小和元件实例的数量。

2.3.4　3D 刷效果

如图 2-47 所示，3D 刷子在舞台上像喷涂刷一样喷涂元件，但调整了元件的比例，使它们在舞台底部显得较大，而在舞台顶部显得较小。使其具有 3D 透视效果。

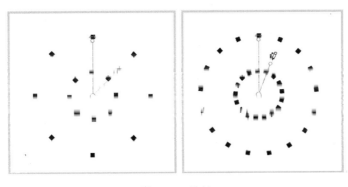

图 2-46　旋转

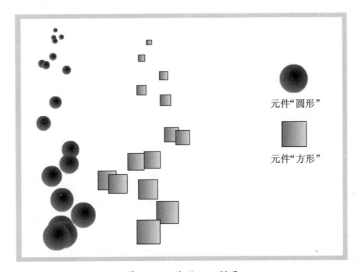

元件"圆形"

元件"方形"

图 2-47　使用 3D 刷子

其原理是 Flash 通过在舞台顶部(背景)附近缩小元件,并在舞台底部(前景)附近放大元件来创建 3D 透视。接近舞台底部绘制的元件位于接近舞台顶部的元件之上,不管它们的绘制顺序如何。

要使用 3D 刷效果,请执行下列操作:

(1) 在"工具"面板中单击 Deco 工具。

(2) 在属性检查器的"绘制效果"菜单中选择"3D 刷效果"。

(3) 选择要包含在绘制图案中的 1 到 4 个元件。

(4) 在属性检查器中设置此效果的其他属性。如图 2-49 所示,确保已选择"透视"属性以创建 3D 效果。

(5) 在舞台上拖动以开始涂色。将光标向舞台顶部移动为较小的实例涂色。将光标向舞台底部移动为较大的实例涂色。

(6) 3D 刷效果包含下列属性。

● 最大对象数:要涂色的对象的最大数目。

● 喷涂区域:与对实例涂色的光标的最大距离。

● 透视:这会切换 3D 效果。要为大小一致的实例涂色,请取消选中此选项。

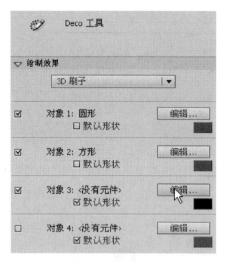

图 2-48　3D 刷子

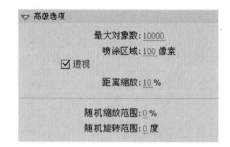

图 2-49　3D 刷子的高级选项

● 距离缩放：此属性确定 3D 透视效果的量。增加此值会增加由向上或向下移动光标而引起的缩放。

● 随机缩放范围：此属性允许随机确定每个实例的缩放。增加此值会增加可应用于每个实例的缩放值的范围。

● 随机旋转范围：此属性允许随机确定每个实例的旋转。增加此值会增加每个实例可能的最大旋转角度。

2.3.5　建筑物刷子效果

借助建筑物刷子效果，可以在舞台上绘制建筑物。建筑物的外观取决于为建筑物属性选择的值。

要在舞台上绘制一个建筑物，请执行下列操作：

(1) 在"工具"面板中单击 Deco 工具。

(2) 如图 2-50 所示，在属性检查器中，从"绘制效果"菜单选择"建筑物刷子"。

(3) 如图 2-51 所示，设置建筑物刷子效果的属性。

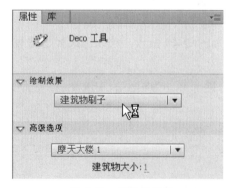

图 2-50　建筑物刷子

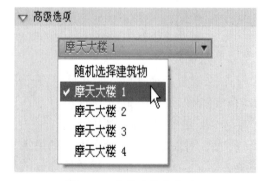

图 2-51　选择建筑物类型

建筑物刷子效果包含下列属性。

- 建筑物类型：要创建的建筑样式。
- 建筑物大小：建筑物的宽度。值越大，创建的建筑物越宽。

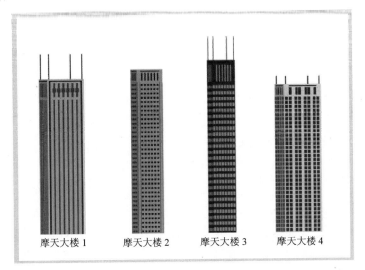

摩天大楼 1　　摩天大楼 2　　摩天大楼 3　　摩天大楼 4

图 2-52　绘制摩天大楼

(4) 从希望作为建筑物底部的位置开始，垂直向上拖动光标，直到完成的建筑物所具有的高度。

2.3.6　装饰性刷效果

如图 2-53 所示，通过应用装饰性刷效果，可以绘制装饰线，例如点线、波浪线及其他线条。试验该效果以了解哪种设置适合设计。

要使用装饰性刷效果，执行下列操作：

(1) 在"工具"面板中单击 Deco 工具。

(2) 如 2-54 所示，在属性检查器中选择要绘制的线条样式。试验所有 20 个选项查看不同效果。

(3) 如图 2-55 所示，装饰性刷效果的属性，主要有三个。

- 图案颜色：线条的颜色。
- 图案大小：所选图案的大小。
- 图案宽度：所选图案的宽度。

(4) 在"舞台"上拖动光标。装饰性刷效果将沿光标的路径创建一条样式线条。

2.3.7　火焰动画效果

如图 2-56 所示，火焰动画效果可以创建逐帧火焰动画。

要使用火焰动画效果，请执行下列操作：

(1) 在"工具"面板中单击 Deco 工具。

(2) 如图 2-57 所示，从属性检查器中的"绘制效果"菜单中选择"火焰动画"。

图 2-53　使用装饰性刷效果

图 2-54　选择装饰性刷的类型

图 2-55　装饰性刷效果的高级选项

图 2-56　火焰效果动画

图 2-57　火焰动画

（3）设置火焰动画效果的属性。火焰动画效果包含下列属性。

● 火大小：火焰的宽度和高度。值越高，创建的火焰越大。

● 火速：动画的速度。值越大，创建的火焰越快。

● 火持续时间：动画过程中在时间轴中创建的帧数。

● 结束动画：选择此选项可创建火焰燃尽而不是持续燃烧的动画。Flash 会在指定的火焰持续时间后添加其他帧以造成烧尽效果。如果要循环播放完成的动画以创建持续燃烧的效果，请不要选择此选项。

- 火焰颜色：火苗的颜色。
- 火焰心颜色：火焰底部的颜色。
- 火花：火源底部各个小火焰的数量。

(4) 在舞台上拖动以创建动画。

当按住鼠标按钮时，Flash 会将帧添加到时间轴。

在多数情况下，最好将火焰动画置于其自己的元件中，例如，影片剪辑元件。

2.3.8 火焰刷子效果

借助火焰刷子效果，您可以在时间轴的当前帧中的舞台上绘制火焰

要使用火焰刷效果，请执行下列操作。

(1) 在"工具"面板中单击 Deco 工具。

(2) 从属性检查器中的"绘制效果"菜单中选择"火焰刷子"。

(3) 如图 2-58 所示，设置火焰刷子效果的属性。主要有两个。

- 火焰大小：火焰的宽度和高度。值越高，创建的火焰越大。
- 火焰颜色：火焰中心的颜色。如图 2-59 所示，在绘制时，火焰从选定颜色变为黑色。

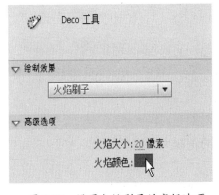

图 2-58　设置火焰刷子的高级选项

图 2-59　在舞台上拖动以绘制火焰

(4) 在舞台上拖动以绘制火焰。

2.3.9 花刷子效果

借助花刷子效果，可以在时间轴的当前帧中绘制如图 2-60 所示的各种花草。

要使用花刷子效果，请执行下列操作：

(1) 在"工具"面板中单击 Deco 工具。

(2) 从属性检查器中的"绘制效果"菜单中选择"花刷子"。

(3) 如图 2-61 所示，从"花类型"菜单中选择一种花。

(4) 如图 2-62 所示，设置花刷子效果的属性。

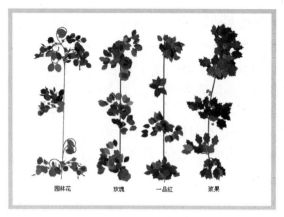

图 2-60　花刷子效果

图 2-61　选择花的种类

图 2-62　花刷子的高级选项

花刷效果包含下列属性。

- 花色：花的颜色。
- 花大小：花的宽度和高度。值越高，创建的花越大。
- 树叶颜色：叶子的颜色。
- 树叶大小：叶子的宽度和高度。值越高，创建的叶子越大。
- 果实颜色：果实的颜色。
- 分支：选择此选项可绘制花和叶子之外的分支。
- 分支颜色：分支的颜色。

(5) 在舞台上拖动以绘制花。

2.3.10　闪电刷效果

如图 2-63 所示，通过闪电刷效果，可以创建闪电。还可以创建具有动画效果的闪电。要使用闪电刷子效果，执行下列操作。

(1) 首先将画面的背景色设为较深的颜色，然后在"工具"面板中单击 Deco 工具。

(2) 在属性检查器的"绘制效果"菜单中选择"闪电刷子"效果。

(3) 如图 2-64 所示，设置闪电刷子效果的属性。闪电刷子效果包含下列属性。

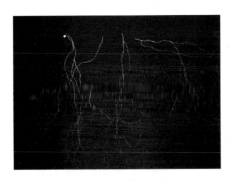

图 2-63　闪电刷效果

图 2-64　闪电刷的高级选项

- 闪电颜色：闪电的颜色。
- 闪电大小：闪电的长度。
- 动画：借助此选项，可以创建闪电的逐帧动画。在绘制闪电时，Flash 将帧添加到时间轴中的当前图层。
- 光束宽度：闪电根部的粗细。
- 复杂性：每支闪电的分支数。值越高，创建的闪电越长，分支越多。

(4) 在舞台上拖动。Flash 沿着移动鼠标的方向绘制闪电。

2.3.11　粒子系统效果

使用粒子系统效果，可以创建火、烟、水、气泡及其他效果的粒子动画。

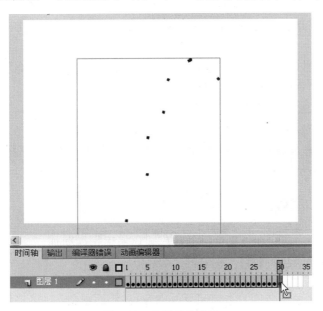

图 2-65　粒子系统效果

要使用粒子系统效果，执行下列操作。

(1) 在"工具"面板中选择 Deco 工具。

(2) 在"属性"面板中设置效果的属性，如图 2-66 所示。粒子系统效果包含下列属性。

● 粒子1：可以分配两个元件用作粒子，这是其中的第一个。如果未指定元件，将使用一个黑色的小正方形。通过正确地选择图形，可以生成非常有趣且逼真的效果。

● 粒子2：第二个可以分配用作粒子的元件。

● 总长度：从当前帧开始，动画的持续时间(以帧为单位)。

● 粒子生成：设置生成粒子的帧数目。如果帧数小于"总长度"属性，则该工具会在剩余帧中停止生成新粒子，但是已生成的粒子将继续添加动画效果。

● 每帧的速率：每个帧生成的粒子数。

● 寿命：单个粒子在"舞台"上可见的帧数。

● 初始速度：每个粒子在其寿命开始时移动的速度。速度单位是像素/帧。

● 初始大小：每个粒子在其寿命开始时的缩放。

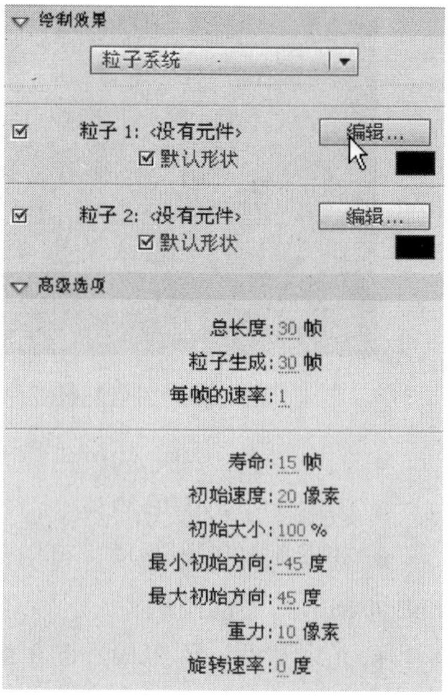

图 2-66 粒子系统属性设置

● 最小初始方向：每个粒子在其寿命开始时可能移动方向的最小范围。测量单位是度。零表示向上；90 表示向右；180 表示向下，270 表示向左，而 360 还表示向上。允许使用负数。

● 最大初始方向：每个粒子在其寿命开始时可能移动方向的最大范围。测量单位是度。零表示向上；90 表示向右；180 表示向下，270 表示向左，而 360 还表示向上。允许使用负数。

● 重力：当此数字为正数时，粒子方向更改为向下并且其速度会增加(就像正在下落一样)。如果重力是负数，则粒子方向更改为向上。

● 旋转速率：应用到每个粒子的每帧旋转角度。

(3) 在要显示效果的位置单击"舞台"。

Flash 将根据您设置的属性创建逐帧动画的粒子效果。在"舞台"上生成的粒子包含在动画的每个帧的组中。

2.3.12 烟动画效果

如图 2-67 所示，烟动画效果可以创建程式化的逐帧烟动画。

要使用烟动画效果，请执行下列操作。

(1) 在"工具"面板中单击 Deco 工具。

(2) 从属性检查器中的"绘制效果"菜单中选择"烟动画"。

(3) 设置烟动画效果的属性。烟动画效果包含下列属性，如图 2-68 所示。

● 烟大小：烟的宽度和高度。值越高，创建的火焰越大。

● 烟速：动画的速度。值越大，创建的烟越快。

● 烟持续时间：动画过程中在时间轴中创建的帧数。

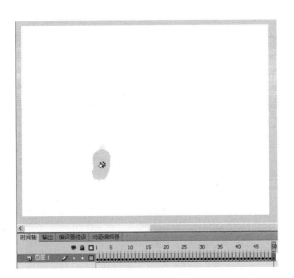

图 2-67　烟动画效果

图 2-68　烟动画效果的属性

● 结束动画：选择此选项可创建烟消散而不是持续冒烟的动画。Flash 会在指定的烟持续时间后添加其他帧以造成消散效果。如果要循环播放完成的动画以创建持续冒烟的效果，请不要选择此选项。

● 烟色：烟的颜色。

● 背景色：烟的背景色。烟在消散后更改为此颜色。

(4) 在舞台上拖动以创建动画。

当按住鼠标按钮时，Flash 会将帧添加到时间轴。在多数情况下，最好将烟动画置于其自己的元件中。

2.3.13　树刷效果

通过树刷效果，可以快速创建树状插图，如图 2-69 所示。

要使用树刷效果，请执行下列操作。

(1) 在"工具"面板中单击 Deco 工具。

(2) 在属性检查器中，从"绘制效果"菜单中选择"树刷效果"。

(3) 如 2-70 所示，设置树刷效果的属性。树刷效果包含下列属性是：

● 树样式：要创建的树的种类。如图 2-71 所示，每个树样式都以实际的树种为基础。

● 树缩放：树的大小。值必须在 75～100 之间。值越高，创建的树越大。

● 分支颜色：树干的颜色。

● 树叶颜色：叶子的颜色。

● 花/果实颜色：花和果实的颜色。

(4) 在舞台上拖动以创建树。

通过拖动操作创建人型分支。通过将光标停留在一个位置创建较小的分支。

Flash 创建的分支将包含在舞台上的组中。

图 2-69　树刷效果

图 2-70　设置树刷效果的属性

图 2-71　树样式

2.4　骨骼动画

2.4.1　注意事项

首先要了解 Flash 骨骼工具使用的注意事项：

(1) 只能对元件(元件内部可嵌套组、元件、图形)和 Flash 绘制的图形进行骨骼添加；

(2) 不能对组以及组中的物体(包括元件和图形)进行骨骼添加；

(3) 骨骼链只能在元件之间或者所选图形内进行绘制；

(4) 当将物体进行骨骼连接后，相应的物体将会转移至"骨架层"中，且其变形轴心将成为骨骼的关节点；

(5) 骨架层中不能进行图形绘制及粘贴；

(6) 绑定工具仅对图形中的骨骼链起作用。

2.4.2　骨骼的局限

骨骼简化了原先的元件嵌套方式，而其对"图形"的控制尤为突出。但毕竟是首次添加的功能，其应用上还有很多局限，仅能进行简单的动作设置，如尾巴摆动、关节的平面转动，较复杂图形的动作绑定还不能胜任(Flash 终究还是矢量 2D 动画软件的范畴)。在尽量避免视觉错位的情况下，使用骨骼辅助还是能完成人物一些常见的形体动作的。

元件的骨骼连接操作较为简单，而图形则需要注意矢量控制点在骨骼上的分配——类似于 3D 软件中的骨骼蒙皮权重。进行骨骼设置时，骨骼以所选图形边缘的点作为控制点，在这些点包裹的区域内可存在其他元素(包括使用"墨水瓶"工具生成的外轮廓线)；如果未在所选图形区域进行骨骼绘制，则仅能对单一色块的图形进行骨骼添加。骨骼工具不能直接控制矢量。

2.4.3 制作机械骨骼

(1) 开启 FlashCS6，在工作区中绘制两个基本图形，一个圆形，一个长方形。并如图 2-72 新建元件所示，按【F8】键将其转换为元件。

(2) 按【Ctrl+F8】快捷键，新建一个元件，命名为"组合"，如图 2-73 将"关节"和"机械臂"两个元件分别拖入场景中。

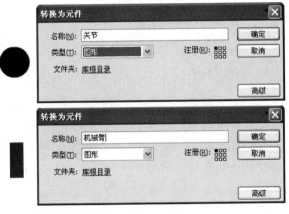

图 2-72　新建元件

图 2-73　"组合"元件

(3) 将元件依次拖入舞台，如图 2-74 所示，设置好元件的顺序，组合成动画需要的物体。

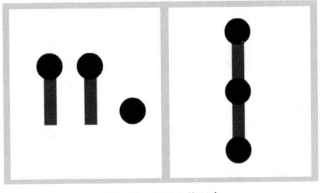

图 2-74　设置元件顺序

(4) 选择骨骼工具，按关节的位置顺序，从根骨骼开始绘制骨骼链，如图 2-75 所示。

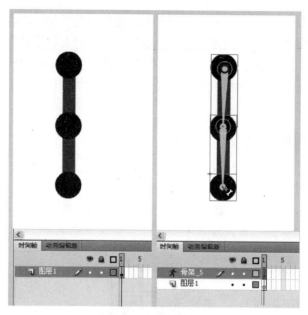

图 2-75　绘制骨骼链

　　骨骼在元件上的关节点与元件的变形轴心点有关，因此可使用任意变形工具(快捷键Q)对骨骼的关节点进行设置；如果在绘制骨骼时关节点设置不正确，可以进行修正。

　　(5) 动画调试。将光标移动到相应帧序号(20帧、40帧、60帧、80帧)，插入关键帧(或按【F5】快捷键)；如图 2-76 所示，分别在各帧对骨骼进行拖动。

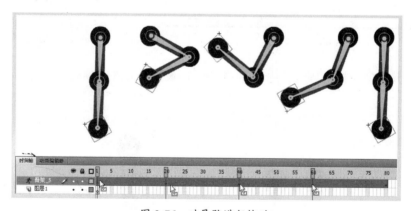

图 2-76　对骨骼进行拖动

　　对元件进行骨骼连接后，所有外部元件会被添加到新的骨架层，骨架层不能绘制新元素；而元件及其内部的元素仍可进行各种编辑操作。

　　(6) 默认情况下，拖动子骨骼，会联动上级骨骼的运动；如果想固定相应的上级骨骼，可以在如图 2-77 所示的骨骼属性面板下的"联接：旋转"项中去掉"启用"的勾选；"速度"百分比数值也决定着骨骼的联动关系。

　　(7) 如图 2-78 所示，将骨架层"转换为逐帧动画"会使浏览速度顺畅些，但将不能再进行骨骼动画的编辑。

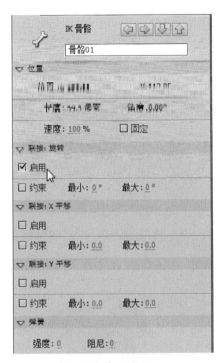

图 2-77 骨骼属性

图 2-78 转换为逐帧动画

简单的几个步骤，完成了一个机械手臂的动画过程，相对于传统的元件嵌套动画，骨骼动画的优势很明显——可控性强，动画效率高。

2.5 本章小结

相对于传统手绘动画来说，各种绘制工具充分体现了 Flash 的优越性。即使没有太高绘画水平，借助"工具"，也能方便的制作属于自己的动画。当然，对于绘画水平很高的人来说，也同样有很大的帮助，它能使动画绘制更精确、快捷，提高了动画制作效率。

应该说 Flash 的绘制工具很好掌握，它们基本都是看图知意，并且与 Adobe 公司旗下其他软件的界面保持高度统一，可以互相借鉴。

2.6 实例练习

使用各种工具绘制一个卡通熊。

(1) 新建一个动画，设置笔触颜色为"无"，填充颜色为"黑色"，如图 2-79 所示，使用椭圆工具绘制一个正圆图形。

(2) 将所画的圆形复制两个，并如图 2-80 所示，把其中一个放大。

(3) 调整三个圆形的位置，使其形成如图 2-81 所示的卡通熊的头部。

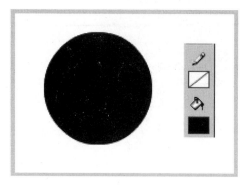

图 2-79　绘制黑色正圆

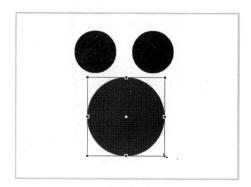

图 2-80　复制两个圆形

　　(4) 新建一个图层，设置笔触颜色为"无"，填充颜色为"白色"，使用椭圆工具绘制一个椭圆图形，作为卡通熊的眼睛(图 2-82)。

图 2-81　卡通动物头部

图 2-82　绘制眼睛

　　(5) 设置填充颜色为"黑色"，使用椭圆工具绘制一个椭圆图形，作为卡通熊的眼珠。然后，将填充颜色改为"白色"，画高光，其效果如图 2-83 所示。

　　(6) 选中画好的眼睛，复制一个副本，执行【修改】→【变形】→【水平翻转】命令，使复制出的副本与原本对称，其效果如图 2-84 所示。

图 2-83　绘制眼睛

图 2-84　眼睛完成图

(7) 执行【窗口】→【颜色】命令，在弹出如图 2-85 所示的颜色对话框中，置填充颜色为"线性渐变"，使用椭圆工具绘制鼻子，然后如同画眼珠一样绘制高光。绘制好的鼻子如图 2-86 所示。

图 2-85 设置"线性渐变"

图 2-86 绘制鼻子

(8) 设置笔触颜色为"白色"，使用钢笔工具绘制微笑的嘴，其结果如图 2-87 所示。

(9) 新建一图层，将图层顺序放到最下面，通过绘制一黑一白两个椭圆，完成卡通熊的身体(图 2-88)。

图 2-87 卡通熊的嘴

图 2-88 卡通熊的身体

(10) 绘制黑色的椭圆，执行【修改】→【变形】→【任意变形】命令，调整其角度，使其如图 2-89 所示。

(11) 复制刚刚绘制的卡通熊手臂，然后执行【修改】→【变形】→【水平翻转】命令，并按此方法绘制完成卡通熊的四肢，其效果如图 2-90 所示。

(12) 调整卡通熊四肢的位置，完成卡通熊四肢的绘制，其效果如图 2-91 所示。

(13) 设置填充颜色为"红色"，使用多角星形工具，如图 2-92 所示，设置边数为"3"，绘制一个红的三角形。

(14) 复制刚刚绘制的三角形，然后执行【修改】→【变形】→【水平翻转】命令，调整其位置，使其效果如图 2-93 所示。

图 2-89　绘制手臂

图 2-90　卡通熊的四肢

图 2-91　调整四肢位置

图 2-92　绘制三角形

(15) 使用"藤蔓式填充"工具绘制背景，按【Ctrl+Alt】快捷键测试动画，完成效果如图 2-94 所示。

图 2-93　卡通熊的领结

图 2-94　完成效果

第 3 章 编辑图形对象

Flash 中的图形对象是指在舞台上所有可以被选取和编辑的内容。每个对象都具有特定的属性和动作。创建各种图形对象后，就可以进行编辑修改操作，如对图形对象选择、移动、缩放、组合等。

学习要点：通过本章的学习，读者要熟练掌握以下内容。

* 如何在 Flash 中修改创建好的图形。

* 如何在 Flash 中将一组存在关联的对象组合到一起统一编辑。

* 善于通过图形修改对图形进行二次创作。

3.1 选 择 对 象

如果要修改一个对象，就必须先选择这个对象。选择对象的工具有选择工具、部分选取工具和套索工具。选择对象时可以选择单个对象，也可以将多个对象合成一个组，然后作为一个对象来处理。按下【Shift】键，可以增加选择对象。按【Ctrl+A】快捷键，可以选择当前图层的全部对象；使用该命令时，不会选中被锁定、被隐藏或者不在当前时间轴中的图层对象。

3.1.1 选择工具

使用"选择"工具 ▲ 可以选择对象的填充、路径或是整个对象。将光标移动到选择对象上时，指针会改变，提示用户可以执行哪种类型的操作。

将光标移动到填充图形边缘时，光标发生变化。按下并拖动鼠标，可以直接修改该图形的形状。按下【Ctrl】键并拖动鼠标，Flash 会在光标所处的位置增加一个锚点，拖拽鼠标后形成尖锐的转角点效果。

1．选择路径

(1) 选中路径后，如图 3-1 所示，在属性面板中可以定义该路径的粗细、颜色等效果。

(2) 如图 3-2 所示，使用鼠标双击图形的边缘，会将整个连续的路径一起选中，此时鼠标变成移动光标，可以将选中的路径移动其他位置。

(3) 移动路径端点的方式如图 3-3 所示，选中路径的端点，按下鼠标左键不放，移动到需要的位置松开即可。

(4) 选择路径并改变其形状分两种情况，不按【Ctrl】键如图 3-4 所示，呈现曲线变化；按【Ctrl】键如图 3-5 所示，呈现直角变化。

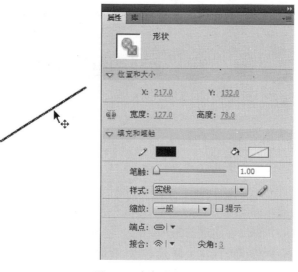

图 3-1　选中路径

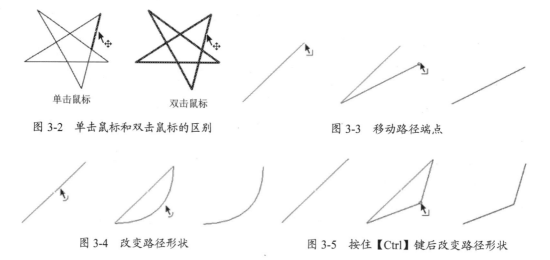

图 3-2　单击鼠标和双击鼠标的区别

图 3-3　移动路径端点

图 3-4　改变路径形状

图 3-5　按住【Ctrl】键后改变路径形状

2. 选择形状

形状一般可以分为两个部分，填充部分和边线部分。如图 3-6 所示，不同的选择方式将会产生不同的选中效果。选中后，同样可以在属性面板中设置颜色、位置大小等效果。

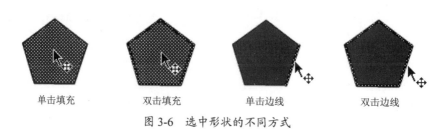

图 3-6　选中形状的不同方式

四种选中方式有何不同呢，以"单击填充"为例：选中填充后，按下鼠标并拖动，可以移动图形的填充，其效果如图 3-7 所示。形状的两个部分即可以独立进行操作，也可以统一操作。

图 3-7　移动形状

3.1.2　部分选取工具

"部分选取"工具 用于选择线条、移动线条和编辑节点以及节点方向等。使用部分选择工具选中一个对象后，对象的轮廓线上将出现多个控制点，表示该对象已经被选中。

1．移动控制点

选择的图形对象周围将显示出由一些控制点围成的边框，用户可以选择其中的一个控制点，拖动该控制点，可以改变图形轮廓。移动控制点如图 3-8 所示。

图 3-8　移动控制点

2．修改控制点曲度

当控制点是连续曲线上的点时，可以选择其中一个控制点来设置图形在该点的曲度。如图 3-9 所示，选择某个控制点之后，该点附近将出现两个在此点调节曲度的控制柄，拖动这两个控制柄，改变长度或者位置以实现形状的改变。

图 3-9　控制连续曲线的曲度

如果控制点的类型是角点，可以按下【Alt】键并拖动鼠标，锚点将变为平滑点，再次按下【Alt】键，可以分别控制两个控制柄的长度和方向。改变控制柄如图 3-10 所示。

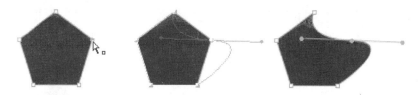

图 3-10　控制角点的曲度

3．移动对象

如图 3-11 所示，使用"部分选取"工具靠近并单击对象，按下鼠标左键即可移动对象的位置。

图 3-11　移动对象

3.1.3　套索工具

"套索"工具主要用于选择图形中的不规则区域和相连的相同颜色区域。

选择工具面板中的套索工具，在工具栏中出现了"魔术棒"按钮※、"魔术棒设置"按钮※和"多边形模式" ↘ 按钮三个按钮，如图 3-12 所示。

"套索"工具的使用方法和具体作用如下。

选择图形对象中的不规则区域：按住鼠标左键在图形对象上拖动，并在开始位置附近结束拖动，形成一个封闭的选择区域；或在任意位置释放鼠标，系统会自动用直线来闭合选择区域。

选择图形对象中多边形区域：选择工具面板中的"多边形模式"按钮，然后在图形对象上单击设置起始点，并依次在其他位置上单击鼠标左键，最后在结束处双击鼠标左键。

使用"套索"工具过程中，按下【Alt】键，可以在勾画直线和勾画不规则线段这两种模式之间进行自由切换。要勾画不规则区域时直接在图形对象上拖动；要勾画直线时，按住【Alt】键单

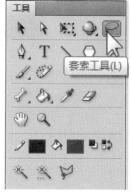

图 3-12　套索工具

击设置起始和结束点即可。在闭合选择区域时，如果正在勾画的是不规则线段，直接释放鼠标即可；如果正在勾画的是直线，双击即可。

单击工具面板中的"魔术棒"工具，然后在图形对象上单击，可以选中图形对象中相同颜色的区域。单击工具面板中的"魔术棒设置"按钮，可以打开魔术棒设置对话框，如图 3-13 所示。

阈值：输入选取颜色的容差值。容差值越小，所选择的色彩的精度就越高，选择的范围就越小；容差值越大，所选择的色彩的精度就越低，选择的范围就越大。

平滑：设置选取颜色的方式，在下拉列表中有像素、粗略、正常和平滑四个选项。

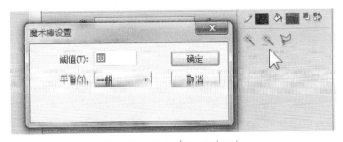

图 3-13　魔术棒设置对话框

3.1.4　取消选择

使用"选择"，在舞台的空白区域单击鼠标可以取消选择。

3.2　变形对象

如图 3-14 所示，使用"任意变形"工具 ▦ 可以对图形进行旋转、扭曲、封套等操作。

3.2.1　旋转与倾斜

选择工具面板中的"任意变形"工具 ▦，单击"旋转与倾斜"按钮 ↪，选中对象，当光标显示为 ⟳ ，可以旋转对象；当光标显示为 ⇌ ，可以水平方向倾斜对象；当光标显示为 ‖ ，可以垂直方向倾斜对象。

"旋转与倾斜"和"缩放"工具可应用于舞台中的所有对象，"扭曲"和"封套"工具只适用于图形对象或者分离后的图像。

图 3-14　任意变形工具

3.2.2　缩放和扭曲

缩放对象可以分别在垂直或水平方向上缩放，还可以在垂直和水平方向上同时缩放。选择工具面板中的"任意变形"工具 ▦，单击"缩放"按钮 ▧，选中要缩放的对象，对象四周会显示框选标志，拖动对象某条边上的中点可将对象进行垂直或水平的缩放，如图 3-15 所示。拖动某个顶点，则可以使对象在垂直和水平方向上同时进行缩放，如图 3-16 所示。

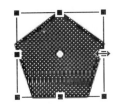
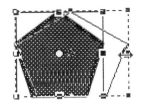
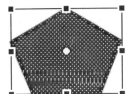

图 3-15　垂直或水平的缩放

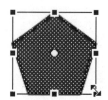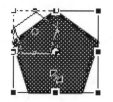

图 3-16　垂直和水平方向上同时进行缩放

扭曲对象可以将对象进行扭曲变形和锥化处理。选择工具面板中的"任意变形"工具 ▦，单击"扭曲"按钮 ◿，对选定对象进行扭曲变形，可以在光标变为 ▷ 时，拖动边框上的角控制点或边控制点来移动该角或边，如图 3-17 所示；在拖动角手柄时，按住【Shift】键，当光标变为形状 ▷ 时，可以对对象进行锥化处理，如图 3-18 所示。

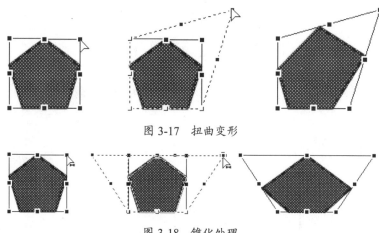

图 3-17　扭曲变形

图 3-18　锥化处理

3.2.3　封套

封套对象可以对对象进行更精确的修改。选择工具面板中的"任意变形"工具，单击"封套"按钮，选中对象后在其四周会显示若干控制点和切线手柄，拖动这些控制点或切线手柄，即可对对象进行任意形状的修改，如图 3-19 所示。

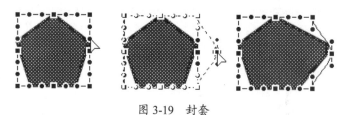

图 3-19　封套

3.3　对齐与分布选中的对象

执行【窗口】→【对齐】命令，或按【Ctrl+K】快捷键，打开对齐面板，使用该面板中的工具就可以进行对齐与分布操作，如图 3-20 所示。

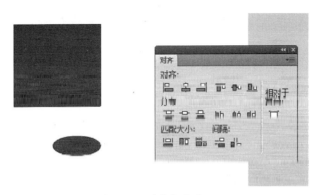

图 3-20　对齐与分布

单击对齐面板中对齐选项中的"左对齐"、"水平中齐"、"右对齐"、"上对齐"、"垂直中齐"和"底对齐"按钮，可以将所选择的对象在不同方向对齐。

单击对齐面板中分布选项区域中的"顶部分布"、"垂直居中分布"、"底部分布"、"左侧分布"、"水平居中分布"和"右侧分布"按钮，可设置对象不同方向的分布方式。

单击对齐面板中的匹配大小区域中的"匹配宽度"按钮，可使所有选中的对象与其中最宽的对象宽度相匹配；单击"匹配高度"按钮，可使所有选中对象与其中最高的对象高度相匹配；单击"匹配宽和高"按钮，将使所有选中的对象与其中最宽对象的宽度和最高对象的高度相匹配。

3.4　调整对象的顺序

1. 排列

一个工作区当中的对象，有时会相互重叠，这时它们会按照建立的先后顺序来排列，最先建立的对象会在最下面，而最后建立的对象则在最上面，如果想改变对象的顺序，可以使用 Flash 的【排列】命令。

绘制的图形默认是分散图形，而不是组合对象，而"排列"的都应是组合对象，分散的对象会自动排到最后。如果不是组合对象，应该用【Ctrl+G】快捷键命令组合一下。组合后，如图 3-21 所示，选择要改变顺序的对象，执行【修改】→【排列】命令，在里面选择相应的命令：

(1) "置于顶层"或"置于底层"可以将对象或组移动到层叠顺序的最前或最后。

(2) "上移一层"或"下移一层"可以将对象或组在层叠顺序中向上或向下移动一个位置。

(3) 如果选择了多个组，这些组会移动到所有未选中的组的前面或后面，而这些组之间的相对顺序保持不变。

2. 图层

图层也会影响对象的顺序，第 2 层上的任何内容都在第 1 层的任何内容之前，依此类推。要更改图层的顺序，可以如图 3-22 所示，在时间轴中将该层向上或向下拖动到新位置。

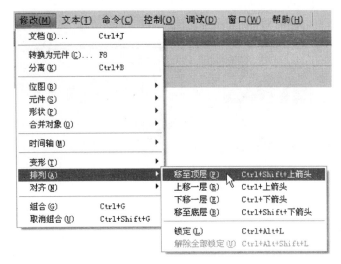

图 3-21　排列

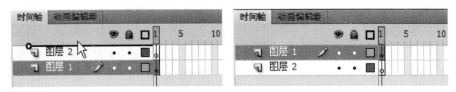

图 3-22　改变图层顺序

3.5　组合与分离对象

组合对象可以将舞台中的多个对象组合在一起以便于整体操作；分离对象操作可以将组合对象拆散为单个对象，还可以将对象打散成像素点进行编辑。

3.5.1　组合与解组对象

1．组合对象

组合对象后，可以将多个元素作为一个对象来处理。例如创建了一幅绘画，将该绘画的元素组合后，所有元素可以作为一个整体来选择和移动，从而带来很多方便。分散和组合的对象分别如图 3-23、图 3-24 所示。

图 3-23　分散的对象

图 3-24　组合的对象

若要组合对象，首先选择要组合的对象，这些对象可以选是形状、其他组、元件、文本等，然后执行【修改】→【组合】命令，或按【Ctrl+G】快捷键。

2．解组对象

取消组合的对象后，可以分别选择原来组里的对象，进行修改。

若要取消对象的组合，选择组合对象，然后执行【修改】→【取消组合】命令，或按【Ctrl+Shift+G】快捷键。

3.5.2 群组层级

组合对象可以和其他元素再次合成组合对象，如果要编辑最底层的元素时，必须依次双击组合对象，直至打开所要编辑对象所在的组。

3.5.3 编辑群组对象

可以对组进行编辑而不必取消其组合。

还可以在组中选择单个对象进行编辑，不必取消对象组合。具体操作方法是双击群组对象后，再使用选择工具选择群组里的对象编辑。

3.6 本章小结

使用 Flash 的基本工具创建图形对象或导入位图后，可以对这些对象进一步编辑。如对图形对象选择、移动、缩放、组合等。

这对于动画制作者来说，首先是可以对创建好的图形对象进行二次创作，形成丰富多彩的画面呈现。其次，可以在时间轴中排列这些不断改变的图形对象，形成有创意的动画效果。因为动画的本质就是连续播放一组略作改变的图片。

3.7 实例练习

绘制黄土高坡宣传画

(1) 如图 3-25 所示，新建一个 500×320 像素，背景色为"#FFFF99"的 Flash 文档。

(2) 执行【文件】→【导入】→【导入到舞台】命令，如图 3-26 所示，分别导入 4 张图片。

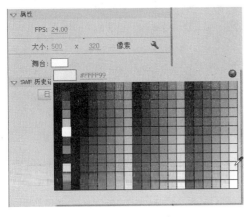

图 3-25 Flash 文档属性

图 3-26 导入图片

需要注意的是,本例希望看到所有图片都在同一层的同一帧上,所以当出现如图 3-27 所示的提示框时,需要单击"否"。

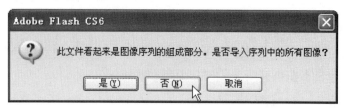

图 3-27　是否导入序列中的所有图像

(3) 导入图片后调整图片的位置和大小,按如图 3-28 所示设置导入图片的宽度为"210"像素,高度为"140"像素。

图 3-28　设置导入图片的宽度与高度

(4) 以此类推,将 4 幅图片都导入到舞台中,并按如图 3-29 所示的位置布局导入的图片。

(5) 使用矩形工具绘制一个如图 3-30 所示的矩形,其笔触颜色为"无",填充颜色为"红色"。

图 3-29　调整导入图片的位置

图 3-30　绘制红色矩形

(6) 使用文本工具,如图 3-31 所示,设置字体系列为"迷你繁启体"(可以选择自己喜欢的字体),文字大小为"50.0 点"。

然后在舞台上如图 3-32 所示,录入"黄土高坡"四个字,每录一个字按一次回车键,可以达到竖写效果。

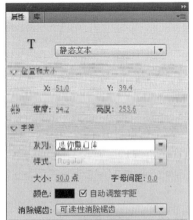

图 3-31 字体设置

图 3-32 录入文字

(7) 使用矩形工具，如图 3-33 所示，在一个图片的右侧和下册分别绘制矩形，右侧的矩形高度与图片相同，颜色为"#000000"；下侧的矩形宽度与图片相同，颜色为"#999999"。

(8) 选中一个刚绘制的矩形，执行【修改】→【变形】→【任意变形】命令，如图 3-34 所示，使其变成平行四边形。

图 3-33 绘制矩形边线

图 3-34 变形矩形

两个矩形都变形后，会形成如图 3-35 所示的阴影效果。

图 3-35 阴影效果

(9) 以此类推，通过复制等方法，将其他的图形都加上阴影效果，最终效果如图 3-36 所示。

图 3-36　最终效果

第 4 章　使用文本

文本在 Flash 动画的制作中是必不可少的。有时文本的制作效果直接影响到整个动画的效果，所以文本动画制作的好坏将成为动画制作的关键。

学习要点：

通过本章的学习，读者要熟悉掌握以下内容。

* 了解文本工具的属性。
* 理解什么是静态文本、动态文本和输入文本。
* 如何创建文本链接。
* 如何使用嵌入字体。
* 如何对文字使用滤镜

4.1　Flash 中的文本类型

Flash 中的文本分为静态文本、动态文本和输入文本三种类型。尽管这三类文本都是由工具栏中的文本工具创建的，但三者有着极大的区别。

4.1.1　静态文本

静态文本是一种静止的，不变的文本。当选择一个静态文本时，"属性"面板上图标"T"右侧的下拉菜单会指示出这是一个"静态文本"，如图 4-1 所示。

图 4-1　静态文本选项

静态文本用于创建不需要发生变化的文本，如标题或者说明性的文字等。尽管很多人都会将静态文本称为文本对象，但事实上，只有动态文本和输入文本才能真正被称为文本对象，而静态文本更像是一幅图片。静态文本不具备对象的基本特性，没有属性和方法。无法对静态文本进行命名，因此也无法通过对一个静态文本进行编程来制作动画。

4.1.2 动态文本

动态文本是一种比较特殊的文本，在动画运行的过程中可以通过 ActionScript 脚本进行编辑修改。当选择一个动态文本时，"属性"面板上图标"T"右侧的下拉菜单会指示出这是一个"动态文本"，并具有实例名。如图 4-2 所示。

图 4-2　动态文本选项

动态文本只允许动态显示，却不允许动态输入。当要用 Flash 开发涉及在线提交表单的应用时，需要能够让用户实时输入数据的文本域，这就是"输入文本"。

4.1.3 输入文本

输入文本，可以直接在编辑文本框中输入文本，还可以对输入的文本进行剪切、复制、粘贴等基本操作。当选择一个输入文本时，"属性"面板上图标"T"右侧的下拉菜单会指示出这是一个"输入文本"，并具有实例名。如图 4-3 所示。

图 4-3　输入文本选项

输入文本也是对象，拥有和动态文本一样的属性和方法。一般来说，输入文本的作用是用来开发表单应用程序，允许用户填表，如留言板等。

4.2　文本的基本操作

创建新文本时，Flash 会使用当前的文本属性。

单击"工具栏"中的"文本工具"**T**，在舞台右方的"属性"面板中设置文本的属性，如图 4-4 所示。

输入文本有不固定宽度输入和固定宽度输入两种。

使用不固定宽度方式输入，方法是在场景中希望输入文字的地方单击。此时，文本框右上角的控制点为小圆圈。如图 4-5 所示。

使用固定宽度方式输入，方法是在场景中用鼠标拖出文本输入的宽度。此时，在文本框右上角的控制点为小方形，如图 4-6 所示。

要编辑已存在的文字，只要选中"文字工具"后单击文本框区域即可。用鼠标选中文字，可以使用【剪切】、【复制】、【粘贴】等命令来编辑文字 。

制作动态文本时，将"属性"面板中的"静态文本"更改为"动态文本"。这时，其文本区域的控制点也在文本域的右下角，为一小方块，用鼠标在场景中拖出一个文本框，输入文字。如图4-7所示。

图4-4 文本工具"属性"面板

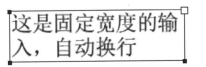

图4-5 不固定宽度输入文本

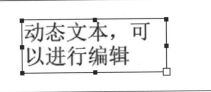

图4-6 固定宽度输入

动态文本，可以进行编辑

图4-7 动态文本

输入文本的创建方式与动态文本相似，其文本区域的控制点也在文本域的右下角，为一小方块 ，按相应要求输入文本即可。

4.3 设置文本对象的属性

静态文本、动态文本和输入文本这三类文本有一些共有的属性，也有各自独特的属性，所有的这些都可以通过"属性"面板进行详细设置。

4.3.1 文本的共有属性

文本的共有属性有字符属性和段落属性。字符属性包括字体系列、样式、大小、间距、颜色、自动调整字距以及上下标等。段落属性包括对齐、间距、行距、边距等。

1. 设置字体、样式、大小和颜色

单击"工具栏"中的"选择工具"按钮，在场景中选择已经输入的文本，如图4-8所示。

如果"属性"面板没有打开，可执行【窗口】→【属性】命令，将"属性"面板打开。单击"系列"下拉列表框右侧的三角形按钮，从下拉列表中选择一种字体，或者直接输入字体

图4-8 选中的文本块

的名称。

单击"大小"文本框右侧的蓝色数字，可以输入文字大小值，也可以通过在数字上按住鼠标左键滑动的方式调整文字的大小。

单击"样式"下拉菜单右侧的三角形按钮，选择需要应用的字符样式，如加粗(Bold)等。

要选择文本填充的颜色，可单击"颜色"右侧的色彩框，然后执行以下操作之一：

● 从颜色选项板中选择一种颜色。

● 在颜色选项板的文本框中键入颜色的十六进制值。

● 单击颜色选项板右上角的"颜色选择器"按钮 ，然后从弹出的"颜色选择器"中选择一种颜色。

设置后的"属性"面板如图4-9所示，文本效果如图4-10所示。

图4-9 字体、样式、大小和颜色的设置　　图4-10 设置字符属性的效果

2. 设置间距、字距

字母间距会在字符之间插入统一数量的空格。可以使用字母间距调整选定字符或者整个文本的间距。

字距微调控制着字符之间的距离。许多字符都有内置的字距微调信息。例如，I 和 U 之间的间距通常小于 I 和 D 之间的间距。若要使用字体的内置字距微调信息来调整字符间距，可以使用字距微调选项。

对于水平文本，间距和字距微调设置了字符间的水平距离。对于垂直文本，间距和字距微调设置了字符间的垂直距离。

对于垂直文本，可以在 Flash 首选参数中将"不调整字距"选项设置为默认关闭。当在首选参数中关闭垂直文本的字距微调设置时，可以使该选项在"属性"面板中处于选中状态，这样字距微调就只适用于水平文本。

设置字母间距、字距微调的步骤如下：如图4-11所示。

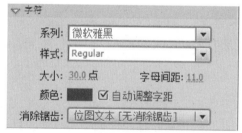

图4-11 间距和字距的设置

单击"工具栏"中的"选择工具"按钮，在场景中选择已经输入的文本。

如果"属性"面板没有打开，可执行【窗口】→【属性】命令，将"属性"面板打开。单击"字母间距"文本框右侧的蓝色数字，可以输入文字间距值，也可以通过在数字上按住鼠标左键滑动的方式调整文字的间距。如图 4-12 所示分别为三种不同的字符间距效果对比。

文字间距 文字间距 文字间距

图 4-12 不同字符间距微果对比

选择"自动调整字距"获得字体的内置字距微调信息(使用设备字体无法选择此属性)。

3. 设置段落属性

"格式"即对齐方式,确定了段落中每行文本相对于文本块边缘的位置。水平文本相对于文本块的左侧和右侧边缘对齐,垂直文本相对于文本块的顶部和底部边缘对齐。文本可以与文本块的一侧边缘对齐(左对齐或右对齐),或者与文本块居中对齐,或者与文本块的两边缘对齐。

"边距"确定了文本块的边框和文本段落之间的间隔量。"缩进"确定了段落边界和首行开头之间的距离。对于水平文本,"缩进"将首行文本向右移动指定距离。对于垂直文本,"缩进"将首列文本向下移动指定距离。

"行距"确定了段落中相邻行之间的距离。对于垂直文本,"行距"用来调整各个垂直列之间的距离。

设置水平文本的对齐、边距、缩进和行距的步骤如下,如图 4-13 所示。

单击"工具栏"中的"选择工具"按钮，在场景中选择已经输入的文本,如果"属性"面板没有打开,可执行【窗口】→【属性】命令,将"属性"面板打开。

在"属性"面板中,要设置对齐方式,可单击"格式"右边的"左对齐"按钮，"居中对齐"按钮，"右对齐"按钮和"两端对齐"按钮，如图 4-14 所示。

图 4-13 "段落"设置面板

图 4-14 文本对齐格式

要指定缩进,单击"间距"右侧的旁的蓝色数字,可以输入缩进值,也可以通过在数字上按住鼠标左键滑动的方式调整缩进的大小。

要指定行距,单击"行距"右侧的旁的蓝色数字,可以输入行距值,也可以通过在数字上按住鼠标左键滑动的方式调整行距的大小。如图 4-15 所示为设置缩进和行距前后的对比效果。

要设置左边距或右边距,单击"边距"右侧的(左边距)或(右边距)旁的蓝色数字,可以输入边距大小值,也可以通过在数字上按住鼠标左键滑动的方式调整边距的大小。图 4-16 为设置左右边距前后的对比效果。

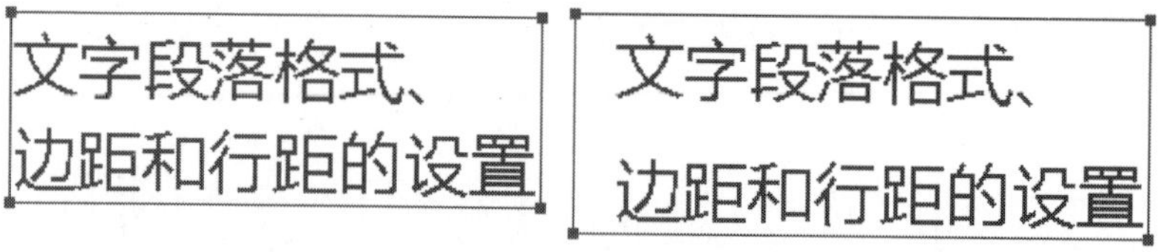

图 4-15　文本间距和行距设置前后效果对比

图 4-16　文本边距设置前后效果对比

4.3.2　静态文本的特殊属性

Flash 中一些文本特性是静态文本独有的，只有在静态文本上才有效，在动态文本和输入文本中无法使用。

1. 指定文本的方向和旋转

默认状态下，静态文本段落都是水平方向的，但可以通过对"属性"面板的设置，使文本以垂直方向来展示。

单击"工具栏"中的选择工具按钮 ▶，在场景中选择已经输入的文本，然后单击"属性"面板中的"改变文本方向"按钮 ↓▾，从下拉菜单中选择"垂直，从左向右"或"垂直"选项，效果如图 4-17 所示。

当文本为垂直方向时，还可以把文本顺时针旋转 90°，方法是单击"字符"中的"旋转"按钮 ↺，效果如图 4-18 所示。

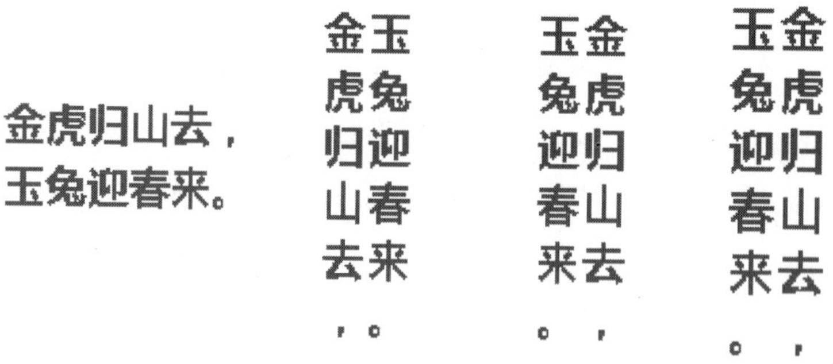

图 4-17　不同文本方向效果对比

图 4-18　文字旋转效果对比

2. 设置字符的相对位置

字符位置用以决定后序字符相对于前面字符基线之上或之下的位置，使一些字符变为上标或下标，主要用于数学表达式、化学方程式及一些版权符号。

使用"文本工具"选中全部或部分文字，单击"切换上标"按钮 T¹ 可将文字放在基线之上或者基线的右边(垂直文本时)；单击"切换下标"按钮T_1，可将文字放在基线之下或者基线的左边(垂直文本时)。如图4-19所示为文字一般状态和上下标效果的对比。

文本的上下标 文本的上下标 文本的上下标

图 4-19 文字上下标效果对比图

3．使用消除锯齿功能

消除锯齿，通过巧妙地添加一些额外的像素点使文本虽然看起来有些模糊，但却使可读性和美感大为增强，文本看起来更干净。Flash 提供了增强的字体光栅化处理功能，可以指定字体的消除锯齿属性，对每个文本字段应用锯齿消除。默认情况下，静态文本都是经过消除锯齿处理的。

在"属性"面板的"字符"中，从"消除锯齿"下拉菜单中选择以下选项之一，如图 4-20 所示。

● 使用设备字体：该选项指定 SWF 文件使用本地计算机上安装的字体显示字体。

● 位图文本(未消除锯齿)：该选项会关闭消除锯齿功能，不对文本进行平滑处理，将用尖锐边缘显示文本，而且由于字体轮廓嵌入了 SWF文件，从而增加了 SWF 文件的大小。位图文本的大小与导出大小相同时，文本比较清晰，但对位图文本缩放后，文本显示效果比较差。

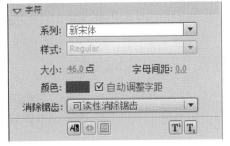

图 4-20 消除锯齿属性

● 动画消除锯齿：可创建较平滑的动画。由于 Flash 忽略对齐方式和字距微调信息，因此该选项只适用于部分情况。由于字体轮廓是嵌入的，因此指定"动画消除锯齿"会创建较大的 SWF 文件。

提示：使用"动画消除锯齿"呈现的字体在字号较小时会不太清晰。因此，建议在指定"动画消除锯齿"时使用 10 磅或更大的字号。

● 可读性消除锯齿：使用新的消除锯齿引擎，改进了字体(尤其是较小的字体)的可读性。由于字体轮廓是嵌入的，因此指定"可读性消除锯齿"会创建较大的 SWF 文件，为了使用"可读性消除锯齿"设置，必须将 Flash 内容发布到 Flash Player 8 或更高版本。

提示："可读性消除锯齿"可以创建清晰的字体，即使在字号较小时也是这样。但是，它的动画效果较差，并可能会导致性能问题。

● 自定义消除锯齿：允许按照需要修改字体属性。自定义消除锯齿属性如下。

◆ 清晰度：确定文本边缘与背景过渡的平滑度。

◆ 粗细：确定字体消除锯齿转变显示的粗细，较大的值可以使字符看上去较粗。

消除锯齿效果如图 4-21 所示。

锯齿 锯齿

图 4-21 消除锯齿效果对比

4.3.3 动态文本和输入文本的特殊属性

与静态文本的独有属性类似，动态文本和输入文本也有一些独有的特性。只有在动态文本或输入文本下才能使用。

1．设置行为

"行为"用来指定文本对象是否可以显示多行。指定的方法是选择文本对象，然后在"属性"面板的"段落"中的"行为"下拉菜单中选择相应的选项，如图4-22所示。

可用的选项是"单行"、"多行"、"多行不换行"和"密码"，其中"密码"这项是专供输入文本使用的，主要是用来创建表单应用中那些供人输入密码的文本域。

2．设置文本的边框

由于动态文本和输入文本在没有显示或得到数据前，其内部是没有任何文本的，这会使人由于看不到而无法确定准确位置。为此，可以添加一个边框，使浏览者总是能知道这些看不见的文本域的位置。方法是选择文本对象，然后单击"属性"面板的"字符"中的"在文本周围显示边框"按钮 ▤，效果如图4-23所示。

图 4-22　动态文本行为设置

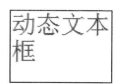

图 4-23　文本边框效果

3．设置实例名和变量

Flash允许为动态文本和输入文本设置实例名称和变量。为文本设置实例名称就是为这个文本块起个名字，这样就可以通过实例名，用Actionscript脚本语言来控制这个文本块，为其改变属性或赋值。如图4-24所示。

动态文本或者输入文本的变量则是用来为动态文本或者输入文本赋值的。通过变量名，ActionScript脚本语言可以为这个文本块赋予字符，在文本上显示出来。如图4-25所示。

图 4-24　动态文本实例名

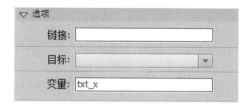

图 4-25　动态文本变量设置

动态文本和输入文本的实例名以及变量使用方法，在第10章ActionScript脚本动画基础有详细的讲解。

4．设置输入文本的最大字符数

"最大字符数"是专门针对输入文本设定的。主要用于在创建表单应用时，限制某些文本域能够输入的字符的最大长度。例如，某个文本域是供输入邮政编码的，则可以把这个输入文本的"最多字符"选项指定为 6。

指定最大字符数的方法：选择输入文本，单击"属性"面板的"选项"中的"最大字符数"右侧的蓝色数字，可以输入最多允许的字符数，也可以通过在数字上按住鼠标左键滑动的方式调整数值，如图 4-26 所示。

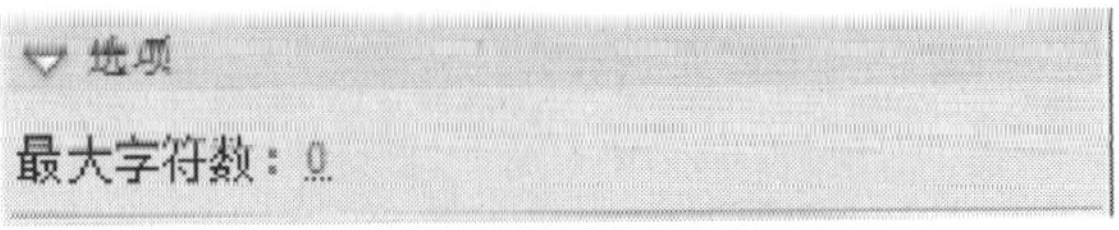

▽ 选项

最大字符数：0

图 4-26　最大字符数设置

4.4　嵌入字体和设备字体

4.4.1　嵌入字体

在 Flash 中，使用系统上的字体时，Flash 会将字体的轮廓信息嵌入 SWF 文件中以保证字体在 Flash 播放中完全显示，称为嵌入字体。静态文本默认状态下都是使用嵌入字体的。

对于静态文本，Flash 会创建字体的轮廓并将它们嵌入到 SWF 文件中，然后 Flash Player 会使用这些轮廓来显示文本。

对于动态文本或输入文本，Flash 会存储字体名称。当显示 Flash 应用程序时，Flash Player 会在用户的系统上查找相同或类似的字体。要确保用户具有正确的字体来显示动态文本或输入文本，可以嵌入字体轮廓，但这样会增加文件大小。

Flash 允许使用者通过创建字体元件来产生出某种意义上的"新字体"。这样可以通过定制一种现有的字体并把它做成一个元件，使得以后为文本应用这种字体时变得快捷和方便，进而可以实现让多个 SWF 文件通过共享字体来减少每一个 SWF 文件的体积的目的。

要创建一个新的字体元件，可按下面的步骤进行：

执行【窗口】→【库】命令，打开"库"面板，单击"库"面板右上角的 按钮，从弹出的下拉菜单中选择【新建字型】命令，如图 4-27 所示。

图 4-27　新建字库

弹出"字体元件属性"对话框，在"名称"文本框中为这个新的字体起一个名字，在"字体"下拉列表框中选择一种现有的字体，然后在"样式"中对该字体进行一些设置，如图 4-28 所示。单击"确定"按钮。

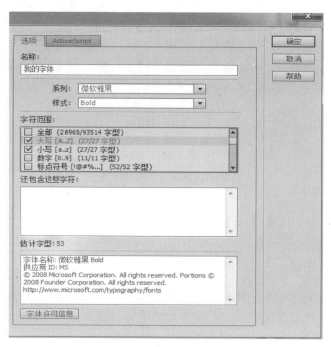

图 4-28　字体原件属性

　　这样在"库"面板中出现一个名为"我的字体"的字体元件，如图 4-29 所示。

　　当需要为某个文本使用这种"新字体"时，只需选中文本对象，然后在"属性"面板的"字体"下拉列表框中选择创建的那个"新字体"即可，如图 4-30 所示。

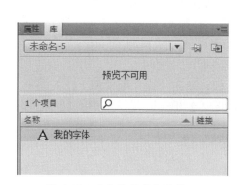

图 4-29　库中显示字体元件

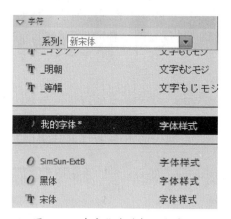

图 4-30　在字体中选择"新字体"

4.4.2　设备字体

　　在 Flash 中，可以使用称作"设备字体"的特殊字体作为导出字体轮廓信息的一种替代方式，但这仅适用于静态水平文本。设备字体并不嵌入 Flash SWF 文件中。相反，Flash Player 会使用本地计算机上与设备字体最相近的字体。因为并未嵌入设备字体信

息，所以使用设备字体生成的 SWF 文件在大小上要小一些。此外，设备字体在小磅值(小于 10 磅)时比导出的字体轮廓更清晰也更易读。但是，由于设备字体并未嵌入到文件中，所以如果用户的系统中未安装与该设备字体对应的字体，文本看起来可能会与预料中的不同。

Flash 包括三种设备字体：named sans(类似于 Helvetica 或 Arial 字体)、 serif(类似于 Times Roman 字体)和 typewriter(类似于 Courier 字体)。对于中文系统来说，系统的默认字体是宋体，属于 _serif 类型，而黑体属于 _sans 类型。要将字体指定为设备字体，可以在"属性"检查器中选择其中一种 Flash 设备字体。在 SWF 文件回放期间，Flash 会选择用户系统上的第一种设备字体。

使用设备字体的方法是：选择水平静态文本，在"属性"面板的"字符"中，从"消除锯齿"下拉菜单中选择"使用设备字体"，如图 4-31 所示。

图 4-31　使用设备字体

4.5　为文本设置超级链接

Flash 可以像网页一样，为文字创建超级链接，浏览者可以通过单击文字链接，访问到相应的资源。

选择文本，在"属性"面板的"选项"中的"链接"文本框中输入完整的网站链接，设置如图 4-32 所示。

还可以指定链接到的网页在浏览器窗口中的打开方式。方法是在"目标"下拉菜单中选择相应的选项。

_blank：在一个新的浏览器窗口中打开链接到的网页。

_parent：在包含该链接的框架的父框架结构或窗口中装载链接到的网页。如果包含该链接的框架没有框架结构，链接的网页将装入整个浏览器窗口。

_self：将链接到的网页装载到包含这个链接的框架或窗口中。此为默认项，如果不指定目标，则按照此项设置。

_top：不受原文档结构的限制，将链接到的网页文档替代当前的网页文档。

除了网页链接外，还可以为文字添加电子邮件链接，即当浏览者单击该文本后会自动启动客户端的电子邮件软件(例如，Outlook Express)，为所设置的邮箱地址发送邮件。设置的格式为"mailto：电子邮件地址"，如图 4-33 所示。

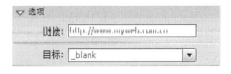

图 4-32　文本的超级链接图

图 4-33　邮件链接的设置

4.6 文字滤镜

单击文字，在"属性"面板上，单击"滤镜"前的三角图标▽，打开"滤镜"面板，如图 4-34 所示。

单击"工具栏"中的"文本工具"按钮 T ，单击场景，输入文字"文字滤镜"并为文字更改如下属性：系列为"微软雅黑"，样式为"Bold"，大小为"40.0 点"，字母间距为"5.0"，颜色为"#FF0000"(红色)。文字效果如图 4-35 所示。

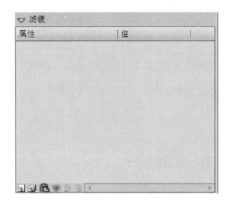

图 4-34　滤镜面板

图 4-35　设置滤镜前的文字效果

点选文字，单击"滤镜"面板上的"添加滤镜"按钮 ，在弹出的菜单中选择一种滤镜效果。

选择"投影"滤镜效果后的"滤镜"面板，如图 4-36 所示。为文字添加"投影"滤镜后的效果如图 4-37 所示。

图 4-36　滤镜"投影"效果设置

图 4-37　滤镜"投影"效果

点选文字，选择"模糊"滤镜效果后的"滤镜"面板，如图 4-38 所示。为文字添加"模糊"滤镜后的效果如图 4-39 所示。

图 4-38 滤镜"模糊"效果设置

图 4-39 滤镜"模糊"效果

点选文字，选择"发光"滤镜效果后的"滤镜"面板，如图 4-40 所示。为文字添加"发光"滤镜后的效果如图 4-41 所示。

图 4-40 镜"发光"效果设置

图 4-41 滤镜"发光"

点选文字，选择"斜角"滤镜效果后的"滤镜"面板，如图 4-42 所示。为文字添加"斜角"滤镜后的效果如图 4-43 所示。

图 4-42 滤镜"斜角"

图 4-43 滤镜"斜角"效果

点选文字，选择"渐变发光"滤镜效果后的"滤镜"面板，如图 4-44 所示。为文字添加"渐变发光"滤镜后的效果如图 4-45 所示。

点选文字，选择"渐变斜角"滤镜效果后的"滤镜"面板，如图 4-46 所示。为文字添加"渐变斜角"滤镜后的效果如图 4-47 所示。

点选文字，选择"调整颜色"滤镜效果后的"滤镜"面板，如图 4-48 所示。为文字添加"调整颜色"滤镜后的效果如图 4-49 所示。

图 4-44 滤镜"渐变发光"效果设置

图 4-45 滤镜"渐变发光"效果

图 4-46 滤镜"渐变斜角"效果设置

图 4-47 滤镜"渐变斜角"效果

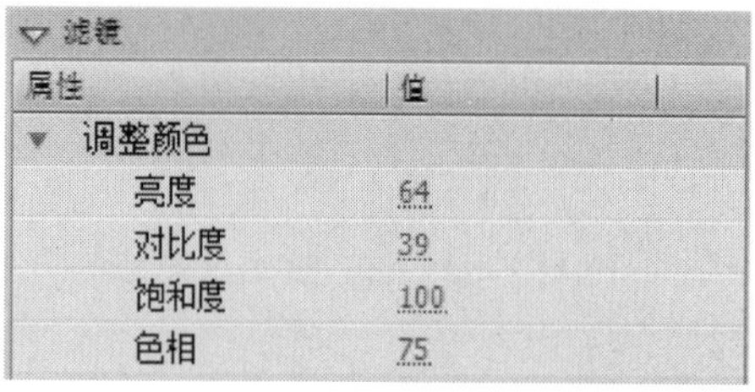

图 4-48 滤镜"调整颜色"效果设置

图 4-49 滤镜"调整颜色"效果

4.7 本章小结

　　文本在 Flash 动画的制作中是必不可少的，文本的制作效果直接影响到整个动画的效果。所以文本的制作将成为动画制作的关键。本章主要讲解了 Flash 文本的创建方法，以及各种文本的设置方法。完成本章的学习后，读者将会理解各种 Flash 文本的设置方法。

4.8 实例练习

　　本实例是一个新年祝福贺卡的设计，以红色、黄色为主色调，突出春节的喜庆气氛，运用文字的一些动画效果，为贺卡添加一份节日的欢快和热闹，年味十足。最终效果如图 4-50 所示。

(1) 执行【文件】→【新建】命令，弹出"新建文档"对话框，新建一个 Flash 文档。单击"属性"面板上的"大小"右侧的"编辑"按钮，弹出"文档属性"对话框，设置"尺寸"为 800 像素×640 像素，其他为默认，如图 4-51 所示。

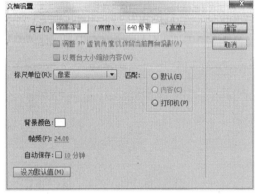

图 4-50　最终效果图　　　　　　　　　图 4-51　设置"文档属性"

(2) 打开第 4 章素材文件夹，右键单击字体文件"方正粗宋简体.TTF"，在弹出的菜单中选择【安装】命令安装字体，使用同样的方法安装字体"华文行楷"。

执行【窗口】→【库】命令，打开"库"面板，单击"库"面板右上角的 按钮，从弹出的下拉菜单中选择【新建字型】命令，如图 4-52 所示。

图 4-52　新建字型

弹出"字体元件属性"对话框，在"名称"文本框中键入字体名称"方正粗宋"，在"字体"下拉列表框中选择字体"方正粗宋简体"，在"字符范围"中选择"中文(全部)…"。

在对话框左侧单击按钮"添加新字体" ，在"名称"文本框中键入字体名称"华文行楷"，在"字体"下拉菜单中选择字体"华文行楷"，在"字符范围"中选择"中文(全部)…"，如图 4-53 所示。单击"确定"按钮，就建立了动画所需的嵌入字体元件。

用同样的方法建立字体元件"华文行楷"。

(3) 执行【文件】→【导入】→【导入到舞台】命令，将图像"源文件\第 4 章\素材 background.jpg"导入到场景中。执行【窗口】→【对齐】命令(或按【Ctrl+K】快捷键)，打开对齐面板，如图 4-54 所示。

单击导入的图片，勾选"与舞台对齐"选项，依次单击"左对齐"按钮 和"顶对齐"按钮 ，对齐效果如图 4-55 所示。

在第 80 帧位置按【F5】键插入帧，并将图层命名为"background"。

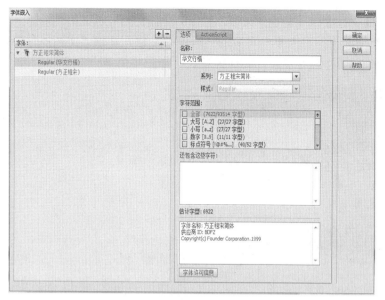

图 4-53　新建字体"方正粗宋"

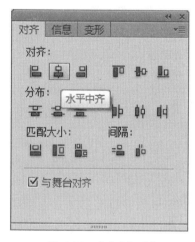

图 4-54　"对齐"面板

图 4-55　导入图像

（4）单击"时间轴"面板上的"新建图层"按钮 🔲，新建"图层 2"，重命名为"新年快乐"，并在第 10 帧插入空白关键帧。

在库面板中，新建图形元件"新年快乐"，单击"工具栏"中的"文本工具"按钮 🔲，单击舞台，输入文字"新年快乐"，为文字更改如下属性：系列为"方正粗宋简体"，样式为"Regular"，大小为"150.0 点"，颜色为"#FF0000"(红色)，属性设置如图 4-56 所示。

点选文字，单击"属性"面板上的"添加滤镜"中的"投影"，为文字添加投影效果，更改滤镜参数如下：模糊 X 为"10 像素"，模糊 Y 为"10 像素"，强度为"100%"，品质为"高"，距离为"10 像素"，颜色为"黑色"，滤镜设置如图 4-57 所示，效果如图 4-58 所示。

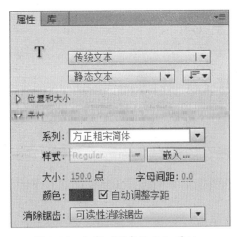

图 4-56　文字"新年快乐"属性　　　　　图 4-57　文字"新年快乐"滤镜设置

图 4-58　文字"新年快乐"效果

执行【窗口】→【对齐】命令(或按【Ctrl+K】快捷键),打开"对齐"面板。单击文字,勾选"与舞台对齐"选项,依次单击"水平中齐"按钮 和"垂直中齐" 按钮,将文字放在场景中央。

将"图层 1"重命名为"div1",选取图层"div1",单击鼠标右键,在弹出的快捷菜单中选择【复制图层】命令,将生成的图层"div1 复制"重命名为"div2"。

选择图层"div2"上的文字"新年快乐",更改属性面板的文字属性如下:大小为"140.0点",字母间距为"10.0",颜色为"#CCCCCC"(浅灰色),属性设置如图 4-59 所示。

更改文字滤镜"投影"参数如下:模糊 X 为"10 像素",模糊 Y 为"10 像素",强度为"100%",品质为"高",距离为"13 像素",颜色为"#990000",滤镜设置如图 4-60 所示。

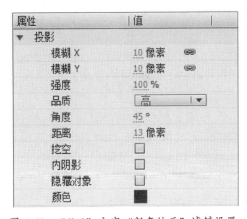

图 4-59　"div2"文字"新年快乐"属性　　　图 4-60　"div2"文字"新年快乐"滤镜设置

移动图层"div2"上的文字到适合位置，如图4-61所示。

图4-61　"div2"文字"新年快乐"效果

选取图层"div2"，单击鼠标右键，在弹出的快捷菜单中选择【复制图层】命令，将生成的图层"div2复制"重命名为"div3"。

选择图层"div3"上的文字"新年快乐"，单击鼠标右键，在弹出的快捷菜单中选择【分离】命令(或按【Ctrl+B】快捷键)，重复操作一次，将文字分离为形状。

选择分离后的形状，打开"颜色"面板(或按【Alt+Shift+F9】快捷键)，更改如下属性：颜色类型为"线性渐变"，流为"扩展颜色" ，渐变色彩如图4-62所示，左端色彩为"#FFFFFF"，中间色彩为"#FFEEC4"，右端色彩为"# FFD104"。

由于部分字体分离为形状后，会改变填充范围，与原字体产生差异，"新"字的左下部分与文字不一致，因此需要对分离后的形状进行修改，如图4-63所示。

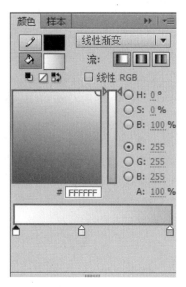

图4-62　"div3"形状填充颜色属性

图4-63　文字分离后与原文字区别

改变图层顺序，将图层"div3"拖拽移动到图层"div2"下方，并锁定图层"div1"和图层"div2"，如图4-64所示。选择图层"div3"，使用"钢笔工具" ，比照图层"div2"的形状，对图层"div3"上不同的部分进行路径标点，再将图层"div3"拖拽移动到图层"div2"上方，使用"选取工具" ，选择刚划定的路径，按删除键删除所选区域，并删除黑色边线，得到与文字一致的形状，路径删除前后效果如图4-65所示。

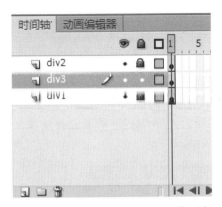

图 4-64　元件"新年快乐"时间轴面板

图 4-65　删除路径对比

元件"新年快乐"最终如图 4-66 所示。

图 4-66　元件"新年快乐"最终效果

单击"编辑栏"内的"场景 1"图标 ，退出元件的编辑状态，返回到场景中。选择图层"新年快乐"上第 10 帧的空白关键帧，将"库"面板中的"新年快乐"元件拖入到舞台中。调整元件到适合位置，如图 4-67 所示。

在第 20 帧插入关键帧，选中第 10 帧内的文字元件，更改属性面板的元件属性如下：宽为"1.00"，高为"1.00"，并垂直向下移动到舞台中央偏下位置，如图 4-68 所示。

图 4-67　元件"新年快乐"放入场景效果

图 4-68　第 10 帧上文字元件的位置效果

在第 10 帧上单击右键，在弹出的菜单中选择"创建传统补间"，设置"属性"面板上的"缓动"选项值为 100。如图 4-69 所示。

图 4-69　第 10 帧补间设置

在第 23 帧插入关键帧，在第 20 帧上单击右键，在弹出的菜单中选择"创建传统补间"，在第 21 帧插入关键帧，选中第 21 帧上的文字元件，更改属性面板的元件属性如下：宽为"620.00"，高为"188.00"。时间轴如图 4-70 所示。

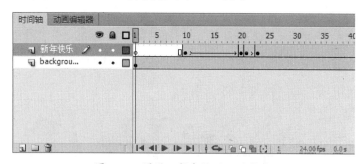

图 4-70　图层"新年快乐"时间轴

(5) 单击"时间轴"面板上的"新建图层"按钮 ，新建"图层 3"，重命名为"蛇大吉"，并在第 30 帧插入空白关键帧。

在库面板中，新建图形元件"羊年大吉"，单击"工具栏"中的"文本工具"按钮 ，单击舞台，输入文字"羊年大吉 万事如意"，为文字更改如下属性：系列为"华文行楷*"，大小为"50.0 点"，颜色为"#970000"(暗红色)，属性设置如图 4-71 所示。

点选文字，单击"属性"面板上的"添加滤镜"中的"投影"，为文字添加投影效果，更改滤镜参数如下：模糊 X 为"5 像素"，模糊 Y 为"5 像素"，强度为"100%"，品质为"高"，距离为"5 像素"，颜色为"黑色"，滤镜设置如图 4-72 所示，效果如图 4-73 所示。

执行【窗口】→【对齐】命令(或按【Ctrl+K】快捷键)，打开"对齐"面板。单击文字，勾选"与舞台对齐"选项，依次单击"水平中齐"按钮 和"垂直中齐"按钮 ，将文字放在场景中央。

图 4-71　文字"羊年大吉"属性

图 4-72　文字"羊年大吉"滤镜设置

图 4-73　文字"羊年大吉"效果

将"图层 1"重命名为"div1"，选取图层"div1"，单击鼠标右键，在弹出的快捷菜单中选择【复制图层】命令，将生成的图层"div1 复制"重命名为"div2"。

选择图层"div2"上的文字，单击鼠标右键，在弹出的快捷菜单中选择【分离】命令(或按【Ctrl+B】快捷键)，重复操作一次，将文字分离为形状。

选择"颜料桶工具" ，笔触颜色选择"#FFFFFF"(白色)，在图层"div2"上的文字形状笔画边缘依次单击，为文字描边。效果如图 4-74 所示。

图 4-74　元件"羊年大吉"效果

单击"编辑栏"内的"场景 1"图标 场景1，退出元件的编辑状态，返回到场景中。选择图层"羊年大吉"上第 30 帧的空白关键帧，将"库"面板中的"羊年大吉"元件拖入到舞台中。调整元件到适合位置，如图 4-75 所示。

图 4-75　元件"羊年大吉"在场景中的位置

在第 35 帧插入关键帧，选中第 30 帧内的文字元件，将元件水平移动到场景左侧外边，如图 4-76 所示。

在第 30 帧上单击右键，在弹出的菜单中选择"创建传统补间"，设置"属性"面板上的缓动选项值为 100。

图 4-76　第 30 帧上文字"羊年大吉"位置效果

(6) 单击"时间轴"面板上的"新建图层"按钮 ，新建"图层 4"，重命名为"happy new year"，并在第 40 帧插入空白关键帧。

在库面板中，新建图形元件"Happy New Year"，单击"工具栏"中的"文本工具"按钮 ，单击舞台，输入文字"Happy New Year"，为文字更改如下属性：系列为"Arial"，样式为"Regular"，大小为"24.0 点"，字母间距为"0.0"，颜色为"#FFFFFF"（白色），属性设置如图 4-77 所示。

点选文字，单击"属性"面板上的"添加滤镜"中的"投影"为文字添加投影效果，更改滤镜参数如下：模糊 X 为"3 像素"，模糊 Y 为"3 像素"，强度为"100%"，距离为"2 像素"，颜色为"黑色"，滤镜设置如图 4-78 所示，效果如图 4-79 所示。

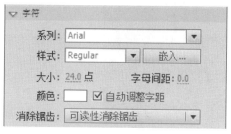

图 4-77　文字"Happy New Year"属性

图 4-79　文字"HAPPY NEW YEAR"效果

图 4-78　文字"Happy New Year"滤镜设置

单击"编辑栏"内的"场景 1"图标 场景1，退出元件的编辑状态，返回到场景中。选择图层"Happy New Year"上第 40 帧的空白关键帧，将"库"面板中的"Happy New Year"元件拖入到舞台中。调整元件到适合位置，如图 4-80 所示。

(7) 单击"时间轴"面板上的"新建图层"按钮 ，新建"图层4"，重命名为"2015"，并在第45帧插入空白关键帧，执行【文件】→【导入】→【导入到舞台】命令，将图像"源文件\第4章\素材\2015.png"导入到场景中。设置图形的位置：X为"55"，Y为"435"，如图4-81所示。

图4-80 元件"Happy New Year"在场景中的效果   图4-81 图形"2015"位置效果

在此图片上按右键，在弹出的快捷菜单中选取【转换为元件】命令或直接按下快捷键【F8】键，调出"转换为元件"对话框，如图4-82所示。

图4-82 "转换为元件"对话框

在该对话框的"名称"文本框中输入元件的名称"2015"，"类型"选项栏中选择元件类型"图形"，然后按下"确定"按钮，将图片转换成为元件。

在第53帧插入关键帧，单击第45帧，选择此帧的图形元件，将元件垂直移动到场景顶部外边。选择"任意变形工具" ，旋转元件，效果如图4-83所示。

在第45帧上单击右键，在弹出的菜单中选择"创建传统补间"，设置"属性"面板上的缓动选项值为100。

分别在第54帧和第55帧上插入关键帧。选择第54帧上的元件"2015"，选择"任意变形工具" ，旋转元件，效果如图4-84所示。

(8) 完成动画的制作，执行【文件】→【保存】命令，将动画保存为"4.fla"。完成后的"时间轴"面板效果如图4-85所示。

按【Ctrl+Enter】快捷键测试动画。

图 4-83　第 45 帧上元件 "2015" 位置效果　　　　图 4-84　第 54 帧上元件 "2015" 位置效果

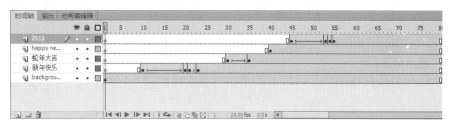

图 4-85　完成的 "时间轴" 面板效果

第 5 章　使用元件和库

元件是 Flash 中构成动画的基础元素，可以重复使用。使用元件不仅能避免重复工作而且还能减小文件的大小。在库中可以管理各种不同的元件，元件和库的结合使制作 Flash 动画更加方便快捷。

学习要点：

通过本章的学习，读者要熟练掌握以下内容。

* 了解什么是元件。

* 如何创建本地 Flash 元件。

* 如何使用元件实例。

* 使用库管理元件及各种资源。

5.1　什么是元件

5.1.1　元件概述

元件是指在 Flash 中创建而且保存在库中的图形、影片剪辑或按钮，可以在本影片或其他影片中重复使用，是 Flash 动画中最基本的元素。它与其他"普通"对象(例如数组、声音、日期等对象)的差别在于：只有元件才能被创建补间动画，使用者无法对除元件之外的其他任何对象创建补间动画。

在制作一个动画的过程中，如果对使用的元素重新编辑，那么还需要对使用了该元素的对象进行编辑，但通过使用元件，就不再需要进行这样的重复操作了。只要将在动画中重复出现的元素制作成元件即可。使用元件，可以简化动画的修改、缩小文件的大小、加快动画的播放速度。

元件本身还具有很多特性，正是借助这些特性，很多效果才得以实现。元件还是很多程序的载体，没有元件，想创建复杂的交互根本无法实现。

5.1.2　元件类型

在 Flash 中，可以创建的元件共有三种：影片剪辑元件、图形元件和按钮元件。

这三种元件在 Flash 中用途各异，它们的功能范围不同，但也有些重叠。某些情况下，既可以用这种元件来实现，也可以用那种元件来实现；但多数情况下，却只有一种元件能够胜任。

此外，三种元件都具有多级嵌套能力。例如，使用者可以把一个按钮元件放置到一个影片剪辑元件中，然后再把这个影片剪辑元件放置到一个图形元件中。许多复杂的动画效果都是使用这种元件的嵌套方式来实现的。

三种元件在库面板中的图标如图 5-1 所示。

1．影片剪辑元件

影片剪辑元件是 Flash 元件中功能最强的元件，它的应用涵盖了按钮元件和图形元件。凡是用按钮元件和图形元件可以实现的，都可以用影片剪辑元件来实现。

影片剪辑元件的时间线是完全独立的，不受制于场景中的时间线(即主时间线，也称为根时间线)。即使在一个时间线只有 1 帧的场景中放置一个时间线有 100 帧的影片剪辑元件，当播放时，尽管场景时间线立即就停止(或者循环播放)了，但影片剪辑中动画依然会播放完 100 帧。

图 5-1　元件的图标

影片剪辑元件中可以容纳各种多媒体素材，例如位图、声音、视频等。

在编程方面，影片剪辑元件是 Flash 最复杂的对象，拥有近百个属性和方法，很多实现只能靠影片剪辑才能完成。例如，直接在屏幕上进行动态绘图、监视鼠标的动作、检测物体的碰撞等。

影片剪辑元件在库面板中的图标是一个放映机上的齿轮图形，如图 5-1 所示。

2．图形元件

图形元件通常用来创建补间动画或放置一些静态的图形。它不是对象(没有任何属性或方法的对象)，使用者无法为图形元件编程。

图形元件中也不能包含声音，尽管可以把声音从库中拖放到图形元件的舞台中，但当测试电影时，声音不会被播放。

最重要的是，图形元件的时间线是与场景中的时间线同步的。如果场景中的时间线中分配给某个图形元件实例的时间线的长度小于该图形元件中的时间线的长度的话，则该图形元件中的时间线中多出来的那些帧将不会得到播放。

3．按钮元件

按钮元件主要用来创建按钮。通过按钮元件，可以在动画中创建响应鼠标单击，滑过或者其它事件的交互式按钮。

按钮元件也有时间线，但只有四帧，命名为弹起、指针经过、按下、点击，如图 5-2 所示。

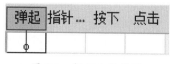

图 5-2　按钮元件的帧

由于按钮元件时间线的特殊性，无法在按钮元件中创建补间动画。但可以通过在按钮元件中嵌入影片剪辑元件来间接地实现补间动画。同样，按钮元件中可以包含声音，使用者无须编程就可以创建带声音的按钮。

按钮元件也有一些自己的属性和方法，可以通过编程实现，如禁用按钮、隐藏按钮，根据不同的鼠标和键盘事件执行特定的任务等工作。

5.2 创 建 元 件

用户可以通过场景上选定的对象来创建元件，也可以创建一个空元件，然后在元件编辑模式下制作或导入内容。

创建空元件的方法：单击菜单【插入】→【新建元件】命令或直接按下【Ctrl+F8】快捷键，调出"创建新元件"对话框。在该对话框的"名称"文本框中输入元件的名称，"行为"选项栏中选择元件的类型，然后单击"确定"按钮就可以直接进入元件的编辑窗口。这个窗口与场景的编辑窗口基本一样。

5.2.1 创建图形元件

通常在制作 Flash 的过程中，都会将多次重复使用的静态图像转化为图形元件。在制作与主时间轴关联的动画时，也会运用到图形元件。图形元件大部分是应用绘图工具与填充工具来绘制完成的，然后将得到的矢量图形转换为图形元件。

创建图形元件的步骤如下：

(1) 执行【插入】→【新建元件】命令，弹出"创建新元件"对话框，在"名称"文本框中输入元件的名称，"类型"选择"图形"，单击"确定"按钮。如图 5-3 所示。

(2) 使用"工具栏"中的"绘图工具"和"填充工具"在舞台中绘制足球的图形，如图 5-4 所示。

图 5-3　创建图形元件

图 5-4　绘制图形

(3) 单击"编辑栏"内的"场景 1"图标 场景1，退出元件的编辑状态，返回到场景中。将"库"面板中的"足球"图形元件拖入到舞台中，执行【控制】→【测试影片】命令，就可以看到刚刚制作的图形元件。

5.2.2 创建影片剪辑元件

在与动画结合方面，影片剪辑所涉及的内容很多，是 Flash 中非常重要的元素。从本质上来说，影片剪辑就是独立的影片，影片剪辑的时间轴独立于主时间轴，可以嵌套在主影片中。

影片剪辑可以和其他元件一同使用，也可以单独在舞台上使用它。例如，可以将影片剪辑元件放置在按钮的一个状态中，从而创造出具有动画效果的按钮。影片剪辑与常规的时间轴动画最大的不同在于：常规的动画使用大量的帧和关键帧，而影片剪辑只需在主时间轴上拥有一个关键帧就能够运行。

创建影片剪辑元件的步骤如下：

(1) 执行【文件】→【导入】→【导入到库】命令，将 "源文件\第 5 章\素材\ run" 目录下的所有图片导入库中，如图 5-5 所示。

(2) 执行【插入】→【新建元件】命令，弹出"创建新元件"对话框，在"名称"文本框中输入元件的名称，"类型"选择"影片剪辑"，单击"确定"按钮。如图 5-6 所示。

图 5-5 导入图片素材　　　　　　　　图 5-6 创建影片剪辑元件

(3) 单击"时间轴"面板上"图层 1"的第 1 帧，将库中"跑步 1.png"拖入舞台，并在属性面板上设置图片位置：X 为"0.0"，Y 为"0.0"，如图 5-7 所示。

图 5-7 影片剪辑第 1 帧效果

(4) 同上操作，分别在"时间轴"面板上"图层 1"的第 3 帧、第 5 帧、第 7 帧、第 9 帧、第 11 帧上插入空白关键帧，在第 12 帧位置插入普通帧，将库中图片"跑步 2.png"

至"跑步 6.png"依次拖入这几个空白关键帧的舞台上，并在属性面板上将图片位置都设置如下属性：X 为"0.0"，Y 为"0.0"，时间轴如图 5-8 所示。

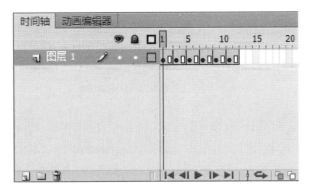

图 5-8　影片剪辑时间轴

(5) 单击"编辑栏"内的"场景 1"图标 场景 1，退出元件的编辑状态，返回到场景中。将"库"面板中的"跑步"影片剪辑元件拖入到舞台中，执行【控制】→【测试影片】命令，就可以看到刚刚制作的影片剪辑元件。

5.2.3　创建按钮元件

按钮是由 4 帧的交互影片剪辑组成的。当为元件选择按钮类型时，Flash 会创建一个 4 帧的时间轴。前 3 帧显示按钮的 3 种可能状态，第 4 帧定义按钮的活动区域。时间轴实际上并不播放，它只是对指针运动和动作做出反应，跳到相应的帧。

按钮元件的时间轴上的每一帧都有各自的功能与意义。

● "弹起"帧：表示按钮本来的状态。在该帧中可以绘制鼠标指针不在按钮上时的按钮状态。

● "指针经过"帧：表示当鼠标放在按钮上时的状态。在该帧中可以绘制鼠标指针在按钮上时的按钮状态。

● "按下"帧：表示当鼠标单击按钮时的状态。在该帧中可以绘制鼠标单击按钮时的按钮状态。

● "点击"帧：表示按钮的响应区域。在该帧中绘制一个区域，这个区域不显示。在没有定义"点击"帧的时候，它的激发范围是在前面 3 个帧中的图形。

创建按钮元件的步骤如下：

(1) 执行【插入】菜单下的【新建元件】命令，为元件命名，选择"按钮"类型，单击"确定"按钮，如图 5-9 所示。

创建按钮元件后，将直接进入按钮元件编辑窗口，在此窗口可以编辑按钮元件，如图 5-10 所示。

(2) 用文本工具在第 1 帧(弹起帧)写入"button"，将颜色调整为黑色，如图 5-11 所示。

在第 2 帧(指针经过帧)插入关键帧，修改"button"的颜色为红色并将它向左和向上移动一点(利用方向键控制)，如图 5-12 所示。

图 5-9　创建按钮元件

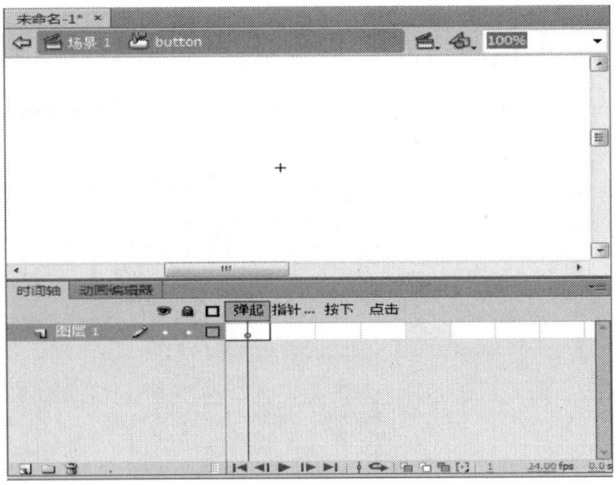

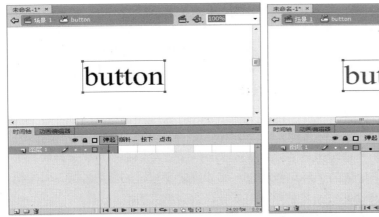

图 5-11　弹起帧

图 5-10　按钮元件编辑模式

图 5-12　指针经过帧

　　在第 3 帧(按下帧)插入关键帧，再将"button"向右和向下移动一点。

　　在第 4 帧(点击帧)插入关键帧，用矩形工具绘一矩形作为反应区域，用该矩形将"button"覆盖，如图 5-13 所示。

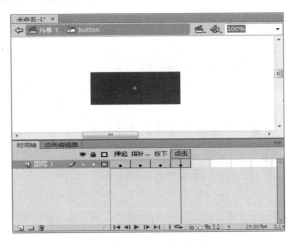

图 5-13　点击帧

(3) 单击"编辑栏"内的"场景 1"图标 场景 1，退出元件的编辑状态，返回到场景中。将"库"面板中的"button"按钮元件拖入到舞台中，执行【控制】→【测试影片】命令，即可看到刚制作的按钮元件。

5.2.4　将对象转化为元件

除了在库面板新建元件以外，Flash 还允许将已经存在于场景或元件内的对象转换为元件，包括一般的图形、组合的图形、位图或文字等。

首先，选择要转换成元件的对象，然后单击菜单栏中的【修改】→【转换为元件】命令或按右键在弹出的快捷菜单中选取"转换为元件"命令或直接按下快捷键【F8】键，调出"转换为元件"对话框，如图 5-14 所示。

图 5 14　"转换为元件"对话框

在该对话框的"名称"文本框中输入元件的名称，"类型"选项栏中选择元件的类型，然后单击"确定"按钮就可以将选取的对象转换成为元件。

选择【窗口】→【库】命令，打开库面板，即可看到刚建立的新元件。

5.3　库

5.3.1　库概述

就像仓库是用来存放物品的，需要时从仓库中提货一样，Flash 中的库也是如此。它不仅为所做的元件提供了存放的空间，而且元件放进库后，就可以被重复利用。

在 Flash CS6 中，"库"面板是默认打开的，如果在打开 Flash 时"库"没有打开，可以通过执行【窗口】→【库】命令或者按【F11】快捷键来打开"库"面板。在 Flash 动画中，所有的图形元件、按钮元件、影片剪辑元件，以及各种导入到 Flash 中的元素，它们都可以存放在"库"中。"库"还提供了预览动画与声音文件的功能，如图 5-15 所示。

5.3.2　库的基础知识

在"库"面板中，按列的形式显示"库"面板中每个元件的信息。在默认宽度下，只显示"名称"和"链接"两列的内容，使用者可以拖动面板的上边缘来调整库的宽度，以查看全部列的内容。另外，将指针放在列标题之间并拖动，可以调整单列的宽度；将指针放在列标题上并拖动可以改变列的顺序。这样就可以按照用户自己的习惯来安排库的显示方式。

选择库中的某个元件，该元件将显示在预览窗口中，当选中的文件类型是影片剪辑或声音文件时，预览窗口的右上角会出现控制按钮▥▶，单击播放按钮可以在预览窗口中预览影片剪辑或声音文件的效果，如图 5-16 所示。

图 5-15　库面板　　　　　　　　　　图 5-16　库中预览元件

1."库"面板信息

"库"面板中的元件信息如下。

● 名称：显示库中所有元件的名称，还可以显示导入文件(如音频文件和位图文件)的文件名。名称栏按字母顺序对元件名称排序，如果要将排列顺序反取，可以单击"名称"栏右侧的按钮▲。

● AS 链接：表示元件是与另一个影片共享，还是从另一个影片中导入的。

● 使用次数：记录每个元件被使用的次数，当建立非常复杂的动画时，可以确定在最后的影片中实际使用过的元件。

● 修改日期：表示元件或导入的文件最后被更新的时间。

● 类型：显示库内元件的类型(按钮、图形或影片剪辑)或导入文件的类型(位图或声音)。如果想将相同类型的项目放在一起，在"类型"标签上单击即可。

2."库"面板按钮

除了上述信息以外，"库"面板底部还包含几个重要的按钮。

● "新建元件"按钮▣：单击该按钮将打开"创建新元件"对话框，从而在库中直接创建元件。

● "新建文件夹"按钮▢：默认情况下，元件都存储在库的根目录下。单击该按钮可以在库内创建一个新文件夹。使用文件夹可以更好地组织"库"面板中的项目，尤其是大型、复杂的动画。要将某个项目放入到一个文件夹中，单击该项目并将它拖放到文件夹中即可。双击文件夹，可以展开该文件夹。

● "属性"按钮 ：单击该按钮将打开"元件属性"对话框，在对话框中可以修改选定元件的属性。

● "删除"按钮 ：用来删除库中的元件。单击要删除的元件，并单击"删除"按钮即可将选定元件从库中删除。

3.库选项菜单

单击"库"面板右上角的菜单标记 ，可以打开库选项菜单，该菜单可以管理有关库的所有方面。"库"面板的选项菜单包含如下菜单命令。

● 新建元件：与"库"面板底部的"新建元件"按钮功能相同，选中该命令也将打开"创建新元件"对话框，可以直接在库中创建新元件。

● 新建文件夹：与"库"面板底部的"新建文件夹"按钮功能相同，选中该命令可以创建一个文件夹用于组织影片元件的资源。

● 新建字型：允许创建存储于共享库中的字体元件。选择该命令可以避免直接在Flash 影片中嵌入字体。

● 新建视频：选择该命令将打开"视频属性"对话框，如图 5-17 所示。选择"类型"为"嵌入(与时间轴同步)"单选按钮，然后单击对话框中的"导入"按钮，定位到视频文件的位置，选择要导入的文件，再单击"确定"按钮可以导入一段视频。选择"类型"为"视频(受 ActionScript 控制)"单选按钮，可以将一个空白的视频元件嵌入到库中，双击视频元件可以填充该元件。

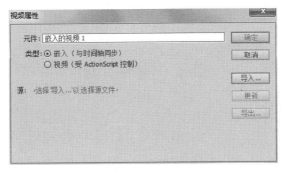

图 5-17 新建视频

● 重命名：允许在"库"面板内直接对元件实现重命名，选中要重命名的文件，从选项菜单中选择"重命名"，然后在"库"面板中输入新名称即可；也可以在"库"面板中双击元件名称直接更改。

● 删除：该选项与"库"面板底部的"删除"按钮功能相同，只需在库中选择要删除的项目，并从选项菜单中选择【删除】命令即可实现删除。

● 直接复制：该选项将准确复制当前所选的元件。在"库"面板中选择某个元件，然后在选项菜单中选择【直接复制】命令，将打开"复制元件"对话框，设置复制元件的"名称"与"类型"后即可完成复制。

● 移至：该选项将在排序窗口上自动创建一个新文件夹，并将当前所选元件移到该文件夹中。

● 编辑：在元件编辑模式中打开选定的图形、影片剪辑或按钮，对元件进行修改后，库中的元件也会发生相应的改变。

● 编辑方式：该选项可利用一个外部应用程序打开当前所选的位图或声音文件。如果计算机上安装了 Fireworks 软件，Flash 可以调用 Fireworks 对位图进行编辑。通过 Fireworks 对位图进行的修改不会影响所导入的原始位图，它们仅仅表现在 Flash 内部。对于"库"面板中的音频文件，将打开一个对话框提示读者选择声音编辑器。

● 播放：播放任何选中的影片剪辑、声音或按钮元件。单击预览窗口右上角的播放按钮，也可达到同样的效果。

● 更新：在利用外部程序对位图和音频文件进行修改后，使用该选项可自动更新位图与音频文件，而不用再次重新导入。

● 属性：该选项可以打开选定元件的"元件属性"对话框，在对话框中可以改变元件的类型、名称并处理链接属性。

● 组件定义：通过"组件定义"对话框可以控制 Flash CS6 的 UI 组件参数。

● 运行时共享库 URL：选择该选项可打开"共享库"对话框，并为给定的共享库指定 URL。

● 选择未用项目：该选项将自动选择当前在 Flash 项目中未使用的项目。

● 展开文件夹：利用该选项可自动展开任何选定的文件夹，并显示文件夹中的所有可视内容。

● 折叠文件夹：利用该选项可折叠当前选定的文件夹，隐藏文件夹中的所有内容。

● 展开所有文件夹：展开当前库中的所有文件夹，显示库中的所有内容。

● 折叠所有文件夹：折叠当前库中的所有文件夹，使库中的所有内容都不可见。

5.4 使 用 库

5.4.1 管理元件

1. 使用元件

打开"库"面板，在"库"面板中选中要添加到舞台的元件，按住鼠标左键将元件拖入到舞台中。

2. 重命名元件

在 Flash 中对元件或库中导入的文件重命名时，有三种方式：

● 选中需要重命名的元件，单击鼠标右键，在弹出的菜单中选择【重命名】命令。

● 选中需要重命名的元件，在"库"面板右上角的选项菜单中选择【重命名】命令。

● 在"库"面板中双击元件的名称。

3. 复制元件

在 Flash 中复制元件有两种方式：

(1) 使用"库"面板直接复制元件。

选中需要重命名的元件，单击鼠标右键，在弹出的菜单中选择【直接复制】命令。

如图 5-18 所示，在打开的"直接复制元件"对话框中输入复制元件的名称，并选择"类型"为"影片剪辑"，单击"确定"，则库中出现复制后的新元件。

图 5-18　直接复制元件

（2）选择实例复制元件：选中舞台中的元件，执行【修改】→【元件】→【直接复制元件】命令，在打开的"直接复制元件"对话框中输入复制元件的名称，并选则"类型"，单击"确定"按钮，则库中出现复制后的新元件。

4．对库进行组织

当 Flash 的影片较为复杂时，使用的元件也就较为繁多，有必要对库中的项目进行管理与组织。

（1）利用文件夹管理元件，将功能相似、类型相同的元件放在一个文件夹中，这样可以有效地组织和管理元件、位图与声音。

（2）直接对"库"面板中的项目进行排序，这种方法简单有效，而且对元件的影响程度小一些。单击"库"面板中的"名称"标签或"修改日期"标签，都可以让库中的项目按递减顺序重新排列。

5.4.2　编辑元件

1．在当前位置编辑元件

在舞台上选中元件的实例，选择【编辑】→【在当前位置编辑】命令，或者单击鼠标右键，在弹出的快捷菜单中选择"在当前位置编辑"选项，或直接双击，可在舞台上当前的位置编辑元件。

在这种模式下编辑元件，可以看到元件所处舞台上的其他元素，在需要参照舞台背景来编辑元件以及调整元件位置或大小的情况下使用。

2．在新窗口中编辑元件

在舞台上选中一个元件的实例，单击鼠标右键，在弹出的快捷菜单中选择"在新窗口中编辑"选项，可在新的独立窗口中编辑元件。

3．在元件编辑模式下编辑元件

元件编辑模式是最常用的一种编辑元件的方式，可使用如下方式之一进入此模式：

● 在舞台上选中元件的实例，选择【编辑】→【编辑元件】命令。

● 在舞台上选中元件的实例，选择【编辑】→【编辑所选项目】命令。

● 在舞台上选中元件的实例，单击鼠标右键，在弹出的快捷菜单中选择"编辑"选项。

● 在库中选择要编辑的元件，单击鼠标右键，在弹出的快捷菜单中选择"编辑"选项。

● 在库中选择要编辑的元件，单击库选项菜单，在弹出的快捷菜单中选择"编辑"

选项。

● 在库中双击要编辑的元件。

4．退出元件编辑模式

当编辑完元件后，要退出元件编辑模式，可以使用以下方法：

图 5-19　编辑栏

● 单击"编辑栏"内的"场景 1"图标 ，退出元件的编辑状态，返回到场景中，如图 5-19 所示。

● 选择【编辑】→【编辑文档】命令。

5.4.3　公用库

为了方便调用元件，减少重复工作，提高工作效率，在 Flash 中附带了很多元件，都保存在公用库里，选择【窗口】→【公用库】命令，弹出"按钮"、"类"子菜单，如图 5-20 所示。

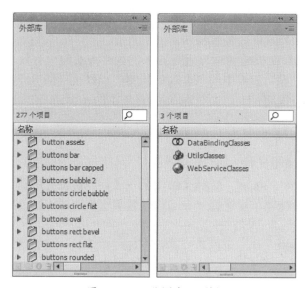

图 5-20　"公用库"面板

5.4.4　共享库资源

在做 Flash 项目时，常会重复使用一些素材(包括图片、声音、影片剪辑、字体等)，如果在每个 Flash 库中都创建这些素材，重复的内容会使整个项目的文件体积变得庞大。Flash 为此提供了共享库的功能，只要将常用的素材定义为共享库，然后就可以供其他文件直接调用了。

共享库资源有两种模式：创作时共享元件库和运行时共享元件库。

1．创作时共享元件库

创作时共享元件库，可以用其他 Flash 源文档中的元件来更新或替换正在创作的文档(目标文档)中的任何元件。此时，目标文档中的元件保留了原始名称和属性，但其内容会被更新或替换为源文档内被选元件的内容。

创建创作时共享元件库的方法：在"库"面板中选择要替换的元件，单击鼠标右键，从弹出的选项菜单中选择"属性"选项，打开"元件属性"对话框，如图 5-21 所示。

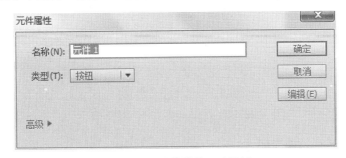

图 5-21　"元件属性"对话框

单击"高级"按钮展开对话框，以访问共享元件库选项。单击位于"元件属性"对话框底部的"源文件(R)"按钮，如图 5-22 所示。

从打开的"查找 FLA 文件"对话框中选择包含有替换元件的.fla 文件，单击"打开"按钮，如图 5-23 所示。

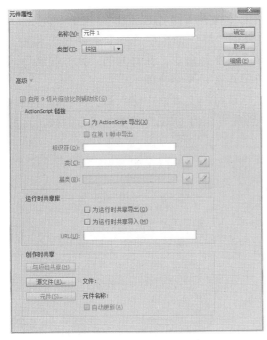

图 5-22　"元件属性"高级模式

图 5-23　"查找 FLA 文件"对话框

在打开的"选择源元件"对话框中，在元件列表中选择要用于替换的元件，如图 5-24 所示，单击"确定"按钮即可替换。

2. 运行时共享元件库

运行时共享元件库，源文档的资源是以外部文件的形式链到目标文档中的。当目标文档运行时，资源被加载到目标文档中。为了让共享资源在运行时可供目标文档使用，源文档必须发布到 web 网站上。

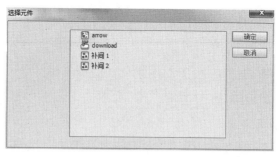

图 5-24 "选择源元件"对话框

创建运行时共享元件库的方法：

(1) 创建源文档影片。在源文件的"库"面板中选择要被共享的源元件，单击鼠标右键，然后从弹出的选项菜单中选择【属性】命令。在打开的"元件属性"对话框中，单击"高级"按钮展开对话框，以访问共享元件库选项。

选中"为运行时共享导出"复选框，在"标识符"文本框中输入一个唯一的名称(不包含任何空格)。在"URL"文本框中输入源 SWF 影片所在的 URL，单击"确定"按钮，如图 5-25 所示。

保存 fla 文档，发布为 1.swf，并最终将其上传到所填的 URL 地址路径中。

(2) 链接到运行时共享元件库。在目标文件的"库"面板中选择要被替换的元件。单击鼠标右键，然后从弹出的选项菜单中选择【属性】命令。在打开的"元件属性"对话框中，单击"高级"按钮展开对话框，以访问共享元件库选项。

选中"为运行时共享导入"复选框，在"标识符"文本框中输入源文件中设置的标识符名称。在"URL"文本框中输入源 SWF 影片所在的 URL。单击"确定"按钮，如图 5-26 所示。

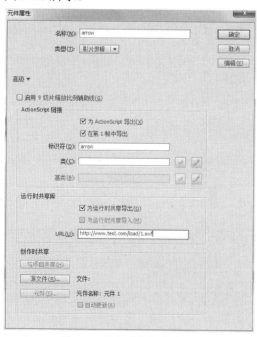

图 5-25 创建源文档影片

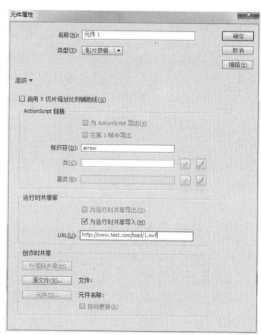

图 5-26 链接到运行时共享元件库

3．断开与运行时共享元件库的链接

打开源文件的库面板，选择要断开链接的元件。单击鼠标右键，从弹出的选项菜单中选择【属性】命令，打开"元件属性"对话框，取消选中"为运行时共享导出"复选框，单击"确定"按钮。

5.5　本章小结

元件是 Flash 中最重要也是最基本的元素，任何一个复杂的动画都是借助元件完成的，元件存储在"库"面板中，不仅可以在同一个 Flash 作品中重复使用，也可以在其他 Flash 作品中重复使用。本章主要讲解如何在 Flash 环境中创建元件和实例，以及元件在制作动画时的应用和每种元件的特性。读者在完成本章的学习后，将会了解"元件"、"库"和"实例"之间的关系。

5.6　实例练习

本实例将制作一个按钮，Flash 按钮不但可以实现动态的效果，还可以实现访问者与动画的互动，特别是在 Flash 网站的制作中有着重要的作用，最终效果如图 5-27 所示。

图 5-27　最终效果图

(1) 执行【文件】→【新建】命令，弹出"新建文档"对话框，新建一个 Flash 文档。单击"属性"面板上的"大小"右侧的 🔧 按钮，弹出"文档设置"对话框，设置"尺寸"为 300 像素×150 像素，其他为默认，如图 5-28 所示。

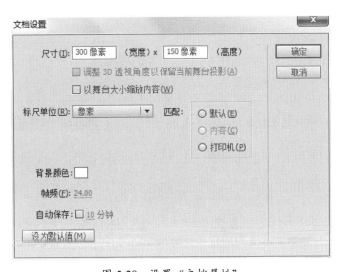

图 5-28　设置"文档属性"

(2) 执行【插入】→【新建元件】命令，弹出"创建新元件"对话框，在"名称"文本框中输入元件的名称"download"，"类型"选择"按钮"，单击确定，如图 5-29所示。同时进入"download"按钮编辑状态(可查看左上角编辑栏确认，如图 5-30 所示)。

图 5-29　创建 "download" 按钮元件

图 5-30　进入 "download" 元件编辑模式

执行【文件】→【导入】→【导入到库】命令，将图像"源文件\第 5 章\素材/button-bg.png"导入到库中。

执行【窗口】→【库】命令或者按【F11】键来打开"库"面板。

选择图层 1 的"弹起"帧，将库中导入的素材 button-bg.png 拖拽到舞台上。

执行【窗口】→【对齐】命令(或按【Ctrl+K】快捷键)，打开对齐面板，如图 5-31所示。

单击图片，勾选"与舞台对齐"选项，依次单击"水平中齐"按钮 和"垂直中齐"按钮 如图 5-32 所示。

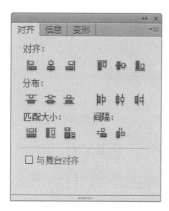

图 5-31　"对齐" 面板

图 5-32　按钮背景

在"点击"帧位置按 F5 键插入帧，在"按下"帧位置插入关键帧。如图 5-33 所示。

选择"按下"帧舞台内的图形，向下移动一个像素，向右移动一个像素。

(3) 单击"时间轴"面板上的"新建图层"按钮 ，新建"图层 2"。单击"图层 2"的"弹起"帧，执行【文件】→【导入】→【导入到舞台】命令，将图像"源文件\第 5 章\素材\button-arrow.png"导入到场景中。移动图形到如图 5-34 所示位置。

分别在"指针经过"帧和"按下"帧上插入关键帧，如图 5-35 所示。

选择"按下"帧舞台内的图形，向下移动一个像素，向右移动一个像素。

图 5-33　"图层 1"时间轴

图 5-34　"图层 2"的"弹起"帧效果

选择"指针经过"帧上的图形，单击菜单栏中的【修改】→【转换为元件】命令或按右键在弹出的快捷菜单中选取"转换为元件"菜单或直接按下快捷键"F8"键，调出"转换为元件"对话框，在该对话框的"名称"文本框中输入元件的名称"arrow"，"类型"选项栏中选择"影片剪辑"，按下"确定"按钮将图形转换成为元件，如图 5-36 所示。

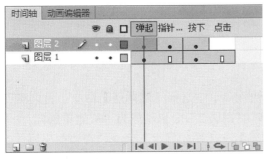

图 5-35　"图层 2"时间轴

图 5-36　转换元件"arrow"

双击"指针经过"帧上的"arrow"元件，进入此元件的编辑界面(可查看左上角编辑栏确认，如图 5-37 所示)，此时能看到元件所处场景的背景。如图 5-38 所示。

图 5-37　进入"arrow"元件编辑模式

图 5-38　在场景下编辑元件

在第 10 帧插入关键帧，将第 10 帧的图形垂直移动到如图 5-39 所示位置。

在第 1 帧上单击右键，在弹出的菜单中选择【创建传统补间】命令。

(4) 单击"时间轴"面板上的"新建图层"按钮 🔳 ，新建"图层 2"。单击图层 1 的第 1 帧，单击右键，在弹出的菜单中选择【复制帧】命令；选择图层 3 的第 11 帧，单击右键，在弹出的菜单中选择【粘贴帧】命令。

在图层 2 的第 20 帧插入关键帧，将第 11 帧的图形垂直移动到如图 5-40 所示位置。

在第 11 帧上单击右键，在弹出的菜单中选择"创建传统补间"。在第 19 帧插入关键帧，选择第 20 帧，单击右键选择"删除帧"。

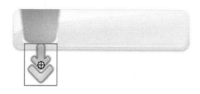

图 5-39　下移箭头　　　　　　　　　图 5-40　上移箭头

(5) 单击"时间轴"面板上的"新建图层"按钮，新建"图层 3"。选择图层 3 的第一帧，单击"工具栏"中的"钢笔工具"按钮，在舞台上绘制闭合曲线(包围住图层 1 上的元件"arrow")，如图 5-41 所示。

单击"工具栏"中的"颜料桶工具"按钮，在刚绘制的闭合曲线内单击，填充颜色(任意颜色)，图 5-42 所示。

图 5-41　钢笔工具"制作闭合曲线　　　　图 5-42　"颜料桶工具"填充颜色

在第 19 帧插入帧。

选择"图层 3"并单击右键，在弹出的快捷菜单中选择【遮罩层】命令，使菜单项的左边出现选勾，该图层会形成遮罩层，同时"图层 2"会自动成为"被遮罩层"。

选择"图层 1"，执行【修改】→【时间轴】→【图层属性】命令，在"图层属性"对话框中选择"被遮罩"选项，将"图层 1"变成"被遮罩层"。时间轴上图层效果如图 5-43 所示。

(6) 单击"编辑栏"内的"download"按钮图标，退出"arrow"元件的编辑，返回到"download"按钮元件的编辑状态(可查看左上角编辑栏确认，如图 5-44 所示)。舞台效果如图 5-45 所示。

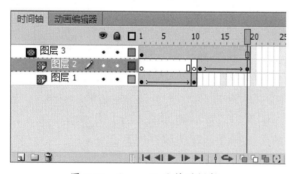

图 5-43　"arrow"元件时间轴　　　　图 5-44　返回"download"元件编辑模式

单击"时间轴"面板上的"新建图层"按钮，新建"图层 3"。单击"图层 3"的"弹起"帧，选择"工具栏"中的"文本工具"按钮，单击舞台，输入文字"下载"。为文字更改如下属性：X 为"-10.0"，Y 为"-14.0"，系列为"微软雅黑"，样式为"Bold"，大小为"18.0 点"，字母间距为"20.0"，颜色为"#666666"(灰色)。属性设置如图 5-46 所示。

图 5-45 "download" 元件内"指针经过"帧效果　　　　图 5-46 文字"下载"属性

选择"工具栏"中的"任意变形工具"按钮，将此文本块的高度缩小，使文字扁一些。

点选文字，单击"属性"面板上的"添加滤镜"中的"投影"为文字添加投影效果，更改滤镜参数如下：模糊 X 为"5 像素"，模糊 Y 为"5 像素"，强度为"50%"，距离为"2 像素"，颜色为"黑色"。

再次点选文字，单击"属性"面板上的"添加滤镜"中的"投影"为文字添加内投影效果，更改滤镜参数如下：模糊 X 为"3 像素"，模糊 Y 为"3 像素"，强度为"50%"，距离为"1 像素"，内阴影选项选勾，颜色为"黑色"，滤镜设置如图 5-47 所示，效果如图 5-48 所示。

在"按下"帧插入关键帧，如图 5-49 所示。

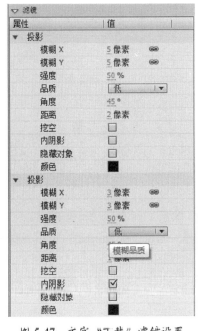

图 5-47 文字"下载"滤镜设置

图 5-48 文字"下载"效果

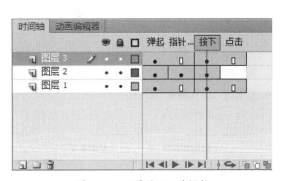

图 5-49 "图层 3"时间轴

109

选择"按下"帧舞台内的文本块，向下移动一个像素，向右移动一个像素。

(7) 单击"时间轴"面板上的"新建图层"按钮 ，新建"图层4"。单击图层4的"弹起"帧，选择"工具栏"中的"文本工具"按钮 T，单击舞台，输入文字"DOWN LOAD"，为文字更改如下属性：X 为"-24.0"，Y 为"5.0"，系列为"微软雅黑"，样式为"Bold"，大小为"10.0 点"，字母间距为"2.0"，颜色为"#666666"(灰色)，属性设置如图5-50所示。

点选文字，单击"属性"面板上的"添加滤镜"中的"投影"为文字添加投影效果，更改滤镜参数如下：模糊X为"5像素"，模糊Y为"5像素"，强度为"50%"，距离为"2像素"，颜色为"黑色"。

再次点选文字，单击"属性"面板上的"添加滤镜"中的"投影"为文字添加内投影效果，更改滤镜参数如下：模糊X为"3像素"，模糊Y为"3像素"，强度为"50%"，距离为"1像素"，内阴影选项选勾，颜色为"黑色"。滤镜设置如图5-51所示。效果如图5-52所示。

图 5-50 文字"DOWN LOAD"属性

图 5-51 文字"DOWN LOAD"滤镜设置

在"按下"帧插入关键帧，如图5-53所示。

选择"按下"帧舞台内的文本块，向下移动一个像素，向右移动一个像素。

(8) 单击"编辑栏"内的"场景1"图标 场景1，退出"download"按钮元件的编辑状态，返回到场景中。(可查看左上角编辑栏确认，如图5-54所示)。

选择"时间轴"上图层1的第一帧，将库中的"download"按钮元件拖拽到舞台上。

执行【窗口】→【对齐】命令(或按【Ctrl+K】快捷键)，打开对齐面板。

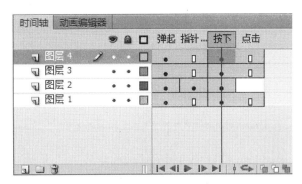

图 5-52 文字 "DOWN LOAD" 效果-

图 5-53 "图层 4" 时间轴

单击元件，勾选"与舞台对齐"选项 ，依次单击"水平中齐"按钮 和"垂直中齐"按钮 ，调整后效果如图 5-55 所示。

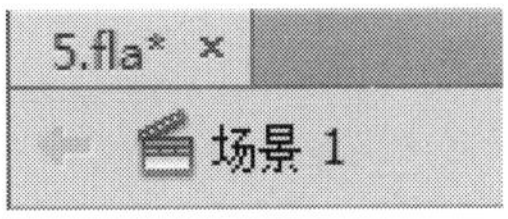

图 5-54 返回场景中

图 5-55 场景效果

(9) 完成动画的制作，执行【文件】→【保存】命令，将动画保存为"第 5 章.fla"。

(10) 按【Ctrl+Enter】快捷键测试动画。

第6章 帧、图层和场景

Flash 动画是由帧的播放而形成的，所有的 Flash 都包含帧，而每一帧都包含有静态图像。帧是动画中不可缺少的元素。

学习要点：

通过本章的学习，读者要熟悉掌握以下内容。

* 掌握"时间轴"面板。

* 掌握帧。

* 理解绘图纸工具的使用。

* 如何使用图层。

* 如何使用场景组织 Flash 影片

6.1 帧 的 简 介

6.1.1 帧的作用

帧是 Flash 动画最基本的单位，每一个精彩的 Flash 动画都是由很多个精心"雕琢"的帧构成的。在时间轴上的每一帧都可以包含需要显示的所有内容，包括图形、声音、各种素材和其他多种对象。动画播放时画面随着时间的变化逐帧出现，即帧的数量及其放映速度决定了动画的整个长度。

6.1.2 帧的类型

不是所有的帧都是用同一种方式建立，不同动画任务需要不同的帧类型。利用时间轴的可视性可以快速地决定帧的类型，这有利于帮助用户排除动画制作过程中出现的问题。

1. 空帧

空帧不是真正的帧，而是一些矩形框，在这些矩形框里可以放入帧。在设计 Flash 动画时，没有内容的帧占了时间轴的大部分，所以时间轴运行到空帧时就会停止放映。如图 6-1 所示，图层 1 中第一帧以外的其他帧均为空帧，动画播放完第一帧后停止。

2. 关键帧

关键帧是特殊的帧，用来定义动画中的变化，包括对象的运动和特点(如大小、颜色)，在场景中添加或删除对象以及帧动作的添加。当用户希望动画发生改变或者发生某种动作，必须使用关键帧。在时间轴上，关键帧表示为实心圆。如图 6-1 所示，图层 1 的第一帧为关键帧。

逐帧动画需要许多关键帧，因为用户必须单独编辑每一帧。补间动画只需要两个关键帧：一个是开始帧，一个是结束帧。在起始关键帧和结束关键帧之间的变化由 Flash 计算，不需要附加关键帧。

3. 空白关键帧

空白关键帧是没有包含舞台上的实例内容的关键帧。在时间轴上，关键帧表示为空心圆。当向该帧内的舞台添加内容后，空心圆圈将变成实心圆，该空白关键帧即变为关键帧，如图 6-2 所示。

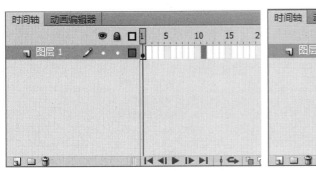
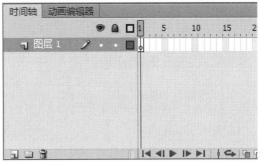

图 6-1　空帧和关键帧　　　　　　　　图 6-2　空白关键帧

4. 普通帧

普通帧也称为静态帧，显示同一层上最后一个关键帧的内容。在时间轴上，关键帧必须总是在普通帧的前面。前置关键帧的内容显示在随后的每个普通帧中，直到到达另一个关键帧为止。

用户希望在动画中始终保持可见的背景图像就是一个很好的例子。将背景放在时间轴开始处的关键帧上，在其后放上所需数量的普通帧以延长电影的时间。在已填充的关键帧后面的普通帧为灰色，在空关键帧后的普通帧为白色，如图 6-3 所示。

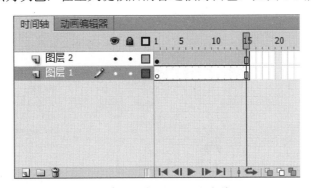

图 6-3　带内容帧(上)和无内容帧(下)

6.2　帧 的 操 作

帧的类型比较复杂，在影片中起到的作用也各不相同，但是对于帧的各种编辑操作都是类似的。

6.2.1　插入帧

1．插入帧

（1）选中需要插入帧的位置，执行【插入】→【时间轴】→【帧】命令，或按【F5】快捷键。会在当前帧的位置插入一个帧，如图6-4所示。

（2）在需要插入帧的位置单击鼠标右键，在弹出的菜单中选择【插入帧】命令，如图6-5所示。

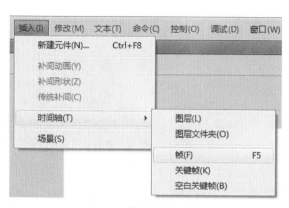

图6-4　菜单栏插入帧

图6-5　右键菜单插入帧

2．插入关键帧

（1）选中需要插入关键帧的位置，执行【插入】→【时间轴】→【关键帧】命令，或按【F6】快捷键，会在当前帧的位置插入一个关键帧，如图6-6所示。

（2）在需要插入关键帧的位置单击鼠标右键，在弹出的菜单中选中【插入关键帧】命令，如图6-7所示。

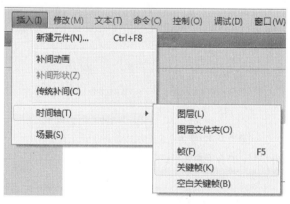

图6-6　菜单栏插入关键帧

图6-7　右键菜单插入关键帧

3．插入空白关键帧

（1）选中需要插入空白关键帧的位置，执行【插入】→【时间轴】→【空白关键帧】命令，或按【F7】快捷键，会在当前帧的位置插入一个空白关键帧，如图 6-8 所示。

(2) 在需要插入关键帧的位置单击鼠标右键，在弹出的菜单中选中【插入空白关键帧】命令，如图 6-9 所示。

图 6-8　菜单栏插入空白关键帧　　　　图 6-9　右键菜单插入空白关键帧

同一层中，在前一个关键帧的后面任一帧处插入关键帧，是复制前一个关键帧上的对象，并可对其进行编辑操作；如果插入普通帧，是延续前一个关键帧上的内容，不可对其进行编辑操作；插入空白关键帧，可清除该帧后面的延续内容，可以在空白关键帧上添加新的实例对象。

6.2.2　选择帧

要选择一个单独帧，可以单击该帧选择它。将该帧变为当前帧，并且与帧相关的任何命令都将影响到它。

要选择帧的范围，可以按住鼠标左键的同时单击帧范围中的第一个帧，将鼠标拖动到用户需要的最后一个帧，然后释放鼠标。所有被选择的帧都突出显示，如图 6-10 所示，这时可以移动、删除、复制它们。

图 6-10　选择帧的范围

要选择某个关键帧及与其相关的普通帧，执行【编辑】→【首选参数】命令，在弹出的"首选参数"对话框中选择"常规"选项卡，勾选"基于整体范围的选择"复选框，如图 6-11 所示，单击某个帧将会选择两个关键帧之间的整个帧序列。

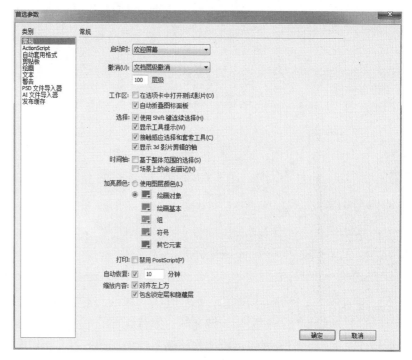

图 6-11 首选参数面板

6.2.3 移动帧和剪切帧

要把帧从一个位置转移到另一个位置，有两种方式：

(1) 移动帧：使用鼠标左键选中需要移动的帧，再次按住鼠标左键拖动需要停留的位置，即可移动帧，如图 6-12 和图 6-13 所示。

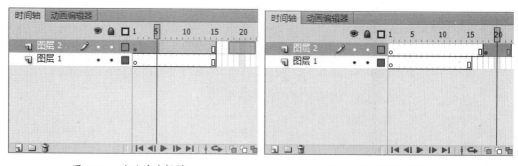

图 6-12 移动前选择帧   图 6-13 帧移动后

(2) 剪切帧：使用鼠标左键选中需要剪切的帧，单击鼠标右键，在弹出的快捷菜单中选择【剪切帧】命令，如图 6-14 所示。然后在目标位置处单击鼠标右键，在弹出的快捷菜单中选择【粘贴帧】命令，如图 6-15 所示。

图 6-14　剪切帧

图 6-15　粘贴帧

6.2.4　复制帧

Flash 中复制帧就是复制关键帧及其相关的内容，有以下 3 种方法：

(1) 选中需要复制的关键帧，按住键盘上的【Alt】键，同时拖动鼠标左键，停留到需要复制关键帧的位置，释放鼠标，即可复制关键帧，如图 6-16 和图 6-17 所示。

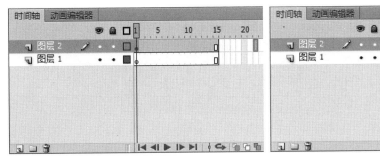

图 6-16　按 Alt 键拖动帧

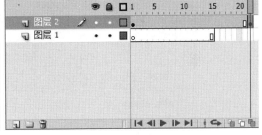

图 6-17　复制后的效果

(2) 选中需要复制的关键帧，执行【编辑】→【时间轴】→【复制帧】命令，如图 6-18 所示，然后在需要复制帧的位置单击鼠标左键，执行【编辑】→【时间轴】→【粘贴帧】命令即可粘贴关键帧，如图 6-19 所示。

(3) 使用鼠标右键单击需要复制的关键帧，在弹出的菜单中选择【复制帧】命令，如图 6-20 所示。选择需要复制帧的位置，单击鼠标右键，在弹出的菜单中选择【粘贴帧】命令即可，如图 6-21 所示。

6.2.5　删除帧和清除帧

在 Flash 中，删除不同的帧需要不同的命令，帧在删除的同时，其中的内容也会被删除。如果只想删除帧内的内容而保留帧本身，可以使用清除帧。

图 6-18　菜单栏复制帧

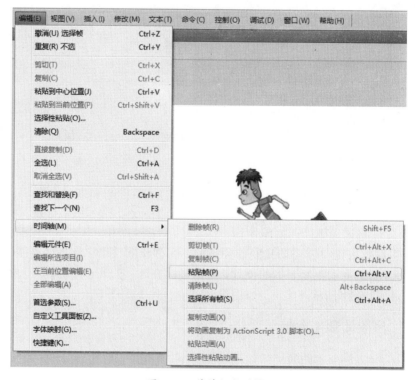

图 6-19　菜单栏粘贴帧

图 6-20　右键菜单复制帧　　　　　　　　图 6-21　右键菜单粘贴帧

1．删除帧

(1) 选择要删除的帧，执行【编辑】→【时间轴】→【删除帧】命令。

(2) 选择要删除的帧，按【Shift+F5】快捷键。

(3) 选择要删除的帧，单击鼠标右键，在弹出的菜单中选择【删除帧】命令。

2．清除帧

(1) 选择要清除的帧，执行【编辑】→【时间轴】→【清除帧】命令。

(2) 选择要清除的帧，按【Alt+Backspace】快捷键。

(3) 选择要清除的帧，单击鼠标右键，在弹出的菜单中选择【清除帧】命令。

普通帧和关键帧在使用【清除帧】命令后，会转化为空白关键帧，同时下一帧转换为关键帧，并继承被清除帧之前的内容，如图 6-22 和图 6-23 所示。

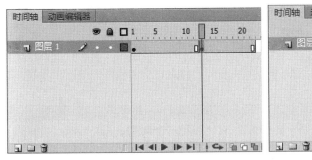

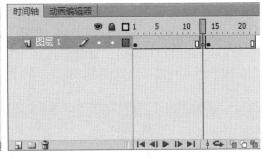

图 6-22　清除帧前　　　　　　　　　　　图 6-23　清除帧后

关键帧除了使用【清除帧】命令外，还可以使用【清除关键帧】命令来清除帧。此时，关键帧会转化为普通帧，如图 6-24 所示。

6.2.6　翻转帧

翻转帧是将帧的运动顺序颠倒，这个命令多用于制作循环动作。

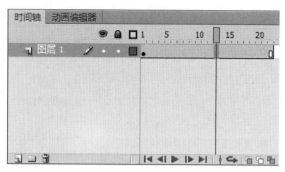

图 6-24　清除关键帧

选择一个或多个图层中需要翻转的帧，执行【修改】→【时间轴】→【翻转帧】命令，或是单击鼠标右键，在弹出的菜单中选择【翻转帧】命令，即可翻转帧，使影片的播放次序相反。如图 6-25 所示为翻转前的时间轴，如图 6-26 所示为翻转后的时间轴。所选帧的起始和结束位置必须有关键帧。

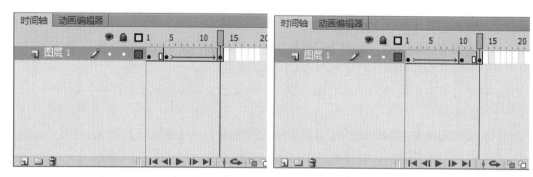

图 6-25　翻转帧前　　　　　　　　　　　　图 6-26　翻转帧后

6.2.7　设置帧的显示状态

(1) 一般状态下，关键帧上有一个黑色实心圆，后面的普通帧为灰色背景，表示将前面关键帧的内容延续到后面的帧，如图 6-27 所示。

(2) 传统动作补间的关键帧之间有一个从左到右指向的黑色箭头，中间过渡帧的背景为浅紫色，如图 6-28 所示。

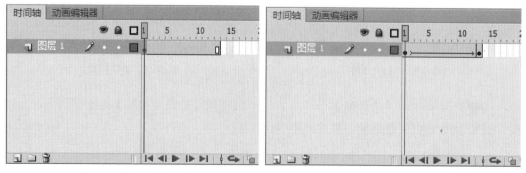

图 6-27　帧的一般状态　　　　　　　　　　图 6-28　帧的传统动作补间状态

（3）形状补间的关键帧之间有一个从左到右指向的黑色箭头，中间过渡帧的背景为浅绿色，如图6-29所示。

（4）如果看到两个关键帧之间是一条虚线，表示补间动画存在问题，两个关键帧之间不能完成动画的正常变形，如图6-30所示。

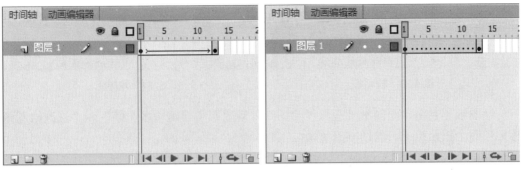

图6-29　帧的形状补间状态　　　　　　　　图6-30　存在错误的动画

（5）新补间动画起始帧的位置为关键帧，结束帧的位置有一个菱形黑点，中间过渡帧的的背景为浅蓝色，如图6-31所示。

（6）如果在某一关键帧上有字母a，表示在这一帧中分配了动作Action(在第10章讲解)，当动画播放到这一帧时将执行相应的动作，如图6-32所示。

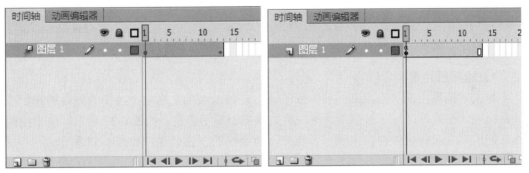

图6-31　帧的新补间状态　　　　　　　　　图6-32　已分配动作的帧

（7）如果在关键帧上有红旗标志，表明该关键帧包含帧标签，为关键帧添加名称为"part1"的帧标签，如图6-33所示。

（8）如果在关键帧上有"//"标志，表明该关键帧包含帧注释，为关键帧添加名称为"part1"的帧注释，如图6-34所示。

（9）如果在关键帧上有 标志，表明该关键帧包含帧锚记，为关键帧添加名称为"part1"的帧锚记，如图6-35所示。

6.2.8　绘图纸工具

通常在Flash工作区中，同一时间点只能显示动画序列中的一帧内容，为了帮助定位与编辑逐帧动画，有时需要在舞台中一次查看两个或多个帧，这就要使用到绘图纸工具。

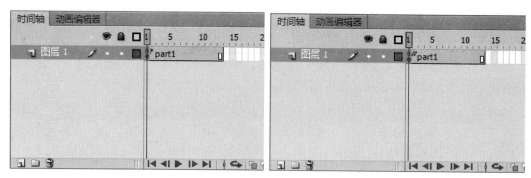

图 6-33　帧标签　　　　　　　　　　图 6-34　帧注释

绘图纸工具由"绘图纸外观"、"绘图纸外观轮廓"、"编辑多个帧"和"修改绘图纸标记"四个按钮组成，如图 6-36 所示。

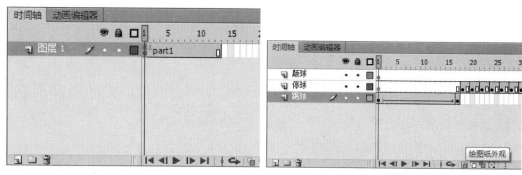

图 6-35　帧锚记　　　　　　　　　　图 6-36　绘图纸工具

1．绘图纸外观

单击时间轴上的"绘图纸外观"按钮，在播放头的左右出现绘图纸外观的起始点和终止点，拉动外观标记的两端，可以扩大或缩小显示范围，如图 6-37 所示。位于绘图纸之间的帧在工作区中由深入浅显示出来，当前帧的颜色最深，如图 6-38 所示。

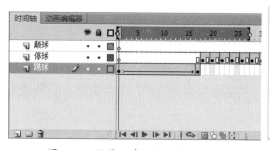

图 6-37　绘图纸外观时间轴

图 6-38　绘图纸外观效果

2．绘图纸外观轮廓

填充模式相对于轮廓模式而言，显示帧的内容与实际帧的内容没有多少差别。绘图纸外观轮廓模式显示对象的轮廓线。如图 6-39 所示，帧内对象为图片，所以显示轮廓为图片的长方形轮廓。

3．编辑多个帧

单击此按钮可以显示选定的全部帧内容，并且可以进行多帧同时编辑，即允许用户编辑所有帧的内容，而不必切换到相应的帧上去调整。如图6-40所示，选定帧区域只有开始和结束两个关键帧，所以可以编辑这两个关键帧。

图 6-39　绘图纸外观轮廓效果　　　　　　　图 6-40　编辑多个帧效果

4．修改绘图纸标记

该按钮的主要功能就是修改当前绘图纸的标记。通常情况下，移动播放头的位置，绘图纸的位置也随之发生相应的变化，如图6-41所示。

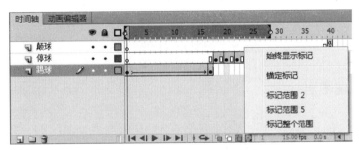

图 6-41　修改绘图纸标记菜单

6.3　图层的简介

图层就像堆在一起的透明塑胶片，每个图层都是独立的，所有图层的内容重叠在一起，就构成了一幅丰富的画面。上面的图层中的画面内容会遮挡下面的图层，在不包含内容的图层区域中，可以看到下面图层中的内容。

6.3.1　图层的作用

在图层中可以绘制和编辑对象。图层的作用主要有两方面：一是可以对某图层中的内容进行编辑和修改，而不会影响其他图层中的内容；二是利用特殊的图层可以制作特殊的动画效果。

6.3.2 图层的类型

在 Flash 中，图层可分为普通图层、遮罩图层和引导图层三种。其中遮罩图层用于创建遮罩动画，引导图层用于创建引导动画，如图 6-42 所示。

图 6-42 图层类型

(1) 普通图层：图层名称的左边有 符号表示该图层是普通图层。

(2) 遮罩图层：图层名称的左边有 ■ 符号表示该图层是遮罩图层，用户可以在遮罩图层上创建对象，被遮罩层中的内容只能够透过这些对象的区域显示出来。

(3) 引导图层：图层名称的左边有 ⌁ 符号表示该图层是引导图层，用户可以在引导图层上绘制一些用来创建不规则运动的轨迹，引导被引导层内的元件按照轨迹运动。

6.4　图层的操作

6.4.1　新建图层

当新建一个 Flash 文档之后，它仅包含一个默认的图层"图层 1"。图层可以随意地添加与删减，以便在文档中插入图像、动画与其他元素。

创建一个新图层可使用如下几种方法之一：

(1) 执行【插入】→【时间轴】→【图层】命令。如图 6-43 所示。

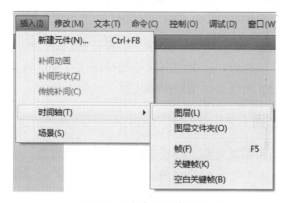

图 6-43 菜单栏新建图层

(2) 单击"时间轴"面板下方的【插入图层】按钮▣。如图 6-44 所示。

(3) 在"图层"面板中的图层上单击鼠标右键，在弹出的菜单中选择【插入图层】命令，如图 6-45 所示。

图 6-44 "时间轴"面板新建图层

图 6-45 右键菜单新建图层

6.4.2 选择图层

Flash 动画多数是由多个图层构成的，在对图层进行复制、移动等编辑操作时，需要先选中所要编辑的图层。选择一个图层的方法如下：

(1) 在"时间轴"窗口单击图层的名称。

(2) 在时间轴上单击某一帧，将选中该帧所在的层。

(3) 在舞台上选中一个对象，则该对象所在的图层被选中。

(4) 按住【Ctrl】键并单击需要被选中的图层，可以同时选中多个图层。

(5) 单击要选择的第一个图层，按住【Shift】键并单击要选择的最后一个图层，可以选择两层之间所有图层。

当选中图层时，被选中的图层将变为蓝色背景突出显示出来，并且在图层名字的右侧出现一个铅笔图标，表示该层当前正在被编辑，如图 6-46 所示。

选取一个图层也就是激活一个图层，并将其设置为当前的操作图层。可以对该图层中的所有图形对象进行操作，也可以对该图层进行删除、复制、加锁、解锁、隐藏、显示、重命名或调整叠放顺序等操作。

选取多个图层和激活一个图层是不同的。对于多个被选取的图层，只能进行删除、加锁、解锁、隐藏、显示和调整叠放顺序等操作，而不能进行复制或重命名等操作，更不能对图层中的图形对象进行操作。

6.4.3 重命名图层

每当增加一个图层，Flash 会自动以"图层 2"、"图层 3"的样式自动为该图层命名，然而这种没有特点的名称在图层较多时会很不方便，因此，用户可以给每个图层重新命名以方便管理。

对图层进行重新命名有以下两种方法：

(1) 直接双击图层的名称，就可以输入自定义的图层名称，如图 6-47 所示。

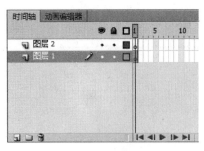

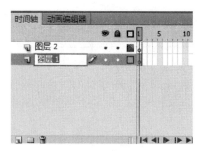

图 6-46　选择图层　　　　　　　　　图 6-47　"时间轴"面板重命名图层

(2) 通过"图层属性"对话框对图层命名。选取图层，单击鼠标右键，在弹出的快捷菜单中选择【属性】命令，打开"图层属性"对话框，如图 6-48 所示。在"名称(N)"文本框中输入图层的名称，单击【确定】按钮即可。

6.4.4　移动图层

图层在"时间轴"面板上的排序位置，决定了位于该图层上的元素是遮盖其他图层上的内容，还是被其他图层中的内容遮盖。因此，改变图层的排列顺序，也就改变了图层上的对象或元件与其他图层中的对象或元件在视觉上的遮盖关系。

用鼠标左键单击需要移动的图层并按住不放，将其拖动到需要放置的位置后，释放鼠标左键，即可将图层移动到所放位置，如图 6-49 所示。

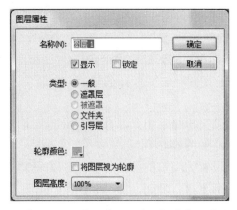

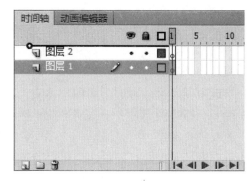

图 6-48　"图层属性"对话框重命名图层　　　　　图 6-49　移动图层

6.4.5　复制图层

Flash 并不支持对图层进行直接复制。实际上，复制图层是对该图层上的所有内容进行复制，即将图层上所有帧和帧上的内容进行复制，然后将其粘贴到另一个新建的图层中。

在时间轴窗口单击图层的名称，选中需要复制的图层，此时会选中此图层的所有帧。在选中的帧上单击鼠标右键，在弹出的菜单中选择【复制帧】命令，或按照复制帧的其他方式操作，都可复制图层中全部帧的内容。

选中需要粘贴内容的图层，在需要粘贴内容的帧的位置单击鼠标右键，在弹出的菜单中选择【粘贴帧】命令，或按照粘贴帧的其他方式操作，即可粘贴复制的帧，同时达到复制图层的目的。

6.4.6 删除图层

如果不再需要一个层里面的所有内容，用户可以通过删除一个图层方便地清除图层中的所有元件和对象等元素。

删除图层的方法如下：

(1) 在"时间轴"面板上选择要删除的图层，单击"时间轴"面板上的【删除图层】按钮 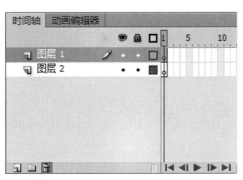，即可删除所选定的图层，如图 6-50 所示。

(2) 在"时间轴"面板上选择要删除的图层，单击鼠标右键，在弹出的菜单中选择【删除图层】命令，即可删除所选定的图层，如图 6-51 所示。

图 6-50　"时间轴"面板删除图层　　　　　图 6-51　右键菜单删除图层

6.4.7 组织图层

当 Flash 的图层较多时，有必要对图层进行管理与组织，利用文件夹管理图层，将内容相关的图层放在一个文件夹中，这样可以方便用户查找和编辑图层。

1．创建图层文件夹

(1) 在"时间轴"面板上，单击新建文件夹按钮 ，即可创建图层文件夹，如图 6-52 所示。

图 6-52　"时间轴"面板创建图层文件夹

(2) 执行【插入】→【时间轴】→【图层文件夹】命令，即可创建图层文件夹，如图 6-53 所示。

(3) 使用鼠标右键单击图层，在弹出的菜单中选择【插入文件夹】命令，新文件夹将出现在所选图层的上面，如图 6-54 所示。

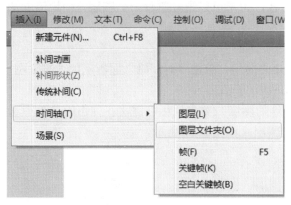

图 6-53　菜单栏创建图层文件夹　　　　　　　图 6-54　右键菜单创建图层文件夹

2．将图层添加到图层文件夹中

单击一个需要添加到图层文件夹中的图层，按住鼠标左键进行拖动，拖放至需要存放的图层文件夹内，放开鼠标左键，即可将图层添加到图层文件夹中，如图 6-55 与图 6-56 所示。

图 6-55　将图层移动到文件夹　　　　　　　图 6-56　图层在文件夹内效果

3．展开与折叠图层文件夹

在"时间轴"面板上单击图层文件夹图标前面的三角按钮，即可展开图层文件夹，再次单击三角按钮，折叠图层文件夹。

6.4.8　设置图层属性

图层拥有一系列的属性，可以通过位于图层名称右侧的图标进行设置，也可以在"图层属性"对话框中进行设置。

1．显示/隐藏图层

在 Flash 动画制作过程中，可能需要显示或隐藏图层或文件夹，以查看或编辑被遮挡的图层内的元素。

要显示或隐藏图层或文件夹，执行以下操作之一：

(1) 选择需要隐藏的图层，单击该图层中的【显示/隐藏所有图层】按钮 👁 下面列中的黑点，将自动出现一个红叉✗，表示该图层处于隐藏状态，如图 6-57 所示。要使图层重新显示，可单击红叉✗，即可显示图层。

(2) 双击图层或文件夹名称前的图标，在弹出的"图层属性"对话框中的"显示"选项选勾或去掉选勾，单击确定按钮。可将该图层或文件夹显示或隐藏，如图 6-58 所示。

图 6-57 "时间轴"面板隐藏图层

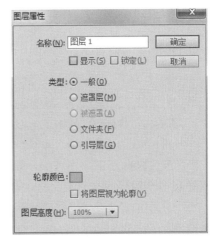

图 6-58 "图层属性"对话框内隐藏图层

(3) 单击【显示/隐藏所有图层】按钮 👁 ，可以隐藏所有图层。再次单击则显示所有图层；也可用鼠标右键单击图层，在弹出的菜单中选中【显示全部】命令。

(4) 按住鼠标左键，在【显示/隐藏所有图层】按钮 👁 下的隐藏列中拖动，可以显示或隐藏多个图层或文件夹。

(5) 要隐藏除了一个图层以外的所有图层，可用鼠标右键单击不需隐藏的图层，在弹出的菜单中选中【隐藏其他图层】命令，或者按住【Alt】键单击要保留的图层右侧、【显示/隐藏所有图层】按钮 👁 下隐藏列的黑点。

2. 以轮廓形式查看图层上的对象

在 Flash 动画制作中，当需要同时看到多个图层相互重叠的元素时，可以将图层中的对象以轮廓形式显示，这样图层中的元素将以不同颜色的轮廓方式显示。

要以轮廓形式显示图层对象，执行以下操作之一：

(1) 单击"图层"面板中的【显示所有图层的轮廓】按钮 ▢ 下面轮廓列中的颜色框，此时颜色框将以空心形式显示，表示图层中的对象以轮廓形式显示。再次单击可恢复正常显示状态，如图 6-59 所示。

(2) 双击图层或文件夹名称前的图标，在弹出的"图层属性"对话框中的"将图层视为轮廓"选项选勾或去掉选勾，可将该图层内的对象或文件夹内所有图层上的对象以轮廓形式显现或恢复正常显示状态，如图 6-60 所示。

(3) 单击【显示所有图层的轮廓】按钮 ▢ ，所有图层中的元素以轮廓形式显示。再次单击则恢复正常显示状态。

图 6-59　"时间轴" 面板显示轮廓

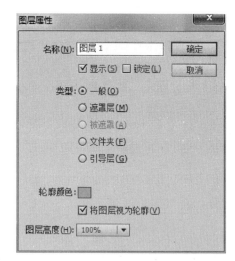

图 6-60　"图层属性" 对话框内显示轮廓

（4）按住鼠标左键，在【显示所有图层的轮廓】按钮🔲下的轮廓列中拖动，可以显示或隐藏多个图层或文件夹。

每个图层的轮廓方框图标的颜色各不相同。如果想要改变轮廓图标的颜色，可以双击该图层的颜色图标，在弹出的 "图层属性" 对话框中的 "轮廓颜色" 选项中设置一种颜色，单击【确定】按钮，即可改变图层轮廓的颜色。

3．图层的锁定和解锁

为了在编辑制作某一个图层时，不会影响到其他图层，Flash 允许将其他图层锁住。这一功能对于编辑层数较多的动画非常有用，不用担心因误操作使以前的工作前功尽弃。

要实现图层的锁定/解锁，执行以下操作之一：

（1）选中需要锁定的图层或文件夹，单击【锁定或解除锁定所有图层】按钮🔒下的黑点，即可锁定该图层或文件夹内的全部图层。再次单击🔒图标将解锁，如图 6-61 所示。

图 6-61　"时间轴" 面板锁定/解锁层

（2）双击图层或文件夹名称前的图标，在弹出的 "图层属性" 对话框中的 "锁定" 选项选勾或去掉选勾，单击【确定】按钮，可将该图层或文件夹锁定或解锁，如图 6-62 所示。

（3）单击【锁定或解除锁定所有图层】按钮🔒，可以锁定所有图层。再次单击则所有图层解锁。

(4) 按住鼠标左键，在【锁定或解除锁定所有图层】按钮🔒下的锁定列中拖动，可以锁定或解锁多个图层或文件夹。

(5) 用鼠标右键单击不需锁定的图层，在弹出的菜单中选中【锁定其他图层】命令，或按下 Alt 键的同时单击不需锁定的图层右侧、【锁定或解除锁定所有图层】按钮🔒下面锁定列的黑点，可以锁定其他图层。

4. 改变图层高度

Flash 中图层的高度是默认的，在需要时用户可以将图层的高度进行调整，以便在"时间轴"上显示更多的内容。

方法：双击需要调整高度的图层名称前的图标，弹出"图层属性"对话框，在"图层高度"下拉列表中选中其中一个选项(100%、200%、300%)，如图 6-63 所示。单击【确定】按钮，完成设置后，即可看到图层的高度变化。

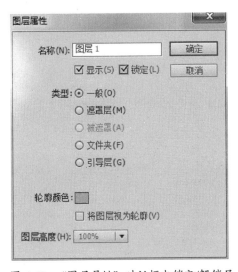
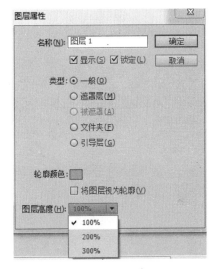

图 6-62　"图层属性"对话框内锁定/解锁层　　　　图 6-63　图层高度设置

6.4.9　将对象分散到图层

在做 Flash 动画时，最好将单独的对象或元件放在单独的图层中。当遇到单一层中包含多个对象或元件的情况时，可以利用 Flash 的【分散到图层】命令将一个图层或多个图层上的一帧中的所选对象快速分散到各个独立的图层中，以便将补间动画应用到对象上。对舞台中的任何元素(包括图形对象、实例、位图、视频剪辑和分离文本块)都可以应用【分散到图层】命令。Flash 会将每一个对象分散到一个独立的新图层中。任何没有选中的对象(包括其他帧中的对象)都保留在原始位置。

具体操作方法如下：

选择要分散到不同图层的对象。对象可以在单个图层中，也可以在多个图层中，包括不连续的图层。执行下列操作之一：

(1) 选择【修改】→【时间轴】→【分散到图层】命令。

(2) 右键单击，然后选择【分散到图层】命令。

在"分散到图层"操作过程中创建的新图层根据每个新图层包含的元素名称来命名：

① 包含库资源(例如元件、位图或视频剪辑)的新图层获得与该资源相同的名称。

② 包含命名实例的新图层的名称就是该实例的名称。

③ 包含分离文本块字符的新图层用这个字符来命名。

④ 如果新图层中包含图形对象(这个对象没有名称)，因为该图形对象没有名称，因此该新图层命名为图层 1(或图层 2，依此类推)。

6.5　场　景

不管是创建独立的动画还是完整的 Flash 网站，都有必要对 Flash 动画进行有效的组织。在 Flash 中使用场景可以将文档组织成包含除其他场景外的内容的不连续部分。

6.5.1　创建和处理场景

利用"场景"面板可以添加、复制、重命名和重新排列场景。

1.添加场景

(1) 执行【窗口】→【其他面板】→【场景】命令，或是按【Shift+F2】快捷键，如图 6-64 所示。

图 6-64　打开场景面板

打开"场景"面板，如图 6-65 所示。

(2) 单击"场景"面板右下角的【添加场景】按钮；也可以执行【插入】→【场景】命令来添加场景，如图 6-66 所示。

图 6-65　场景面板

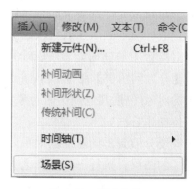

图 6-66　新建场景

(3) Flash 会在影片中添加一个新场景。默认情况下，新场景会添加到当前场景的下方。新场景的默认名称按数字编排("场景 1"、"场景 2"等)。

2．删除场景

选中需要删除的场景，单击"场景"面板右下角的【删除场景】按钮，弹出提示对话框，询问是否删除所选场景，单击【确定】按钮，完成删除。

3．复制场景

在"场景"面板中选择需要复制的场景，单击"场景"面板右下角的【重制场景】按钮，即可复制当前场景。

4．重命名场景

在"场景"面板上，直接双击场景的名称，就可以输入自定义的场景名称，如图 6-67 所示。

5．重新排列场景

用鼠标左键单击需要移动的图层并按住不放，将其拖动到需要放置的位置后，释放鼠标左键，即可将图层移动到所放位置，如图 6-68 所示。

图 6-67　重命名场景

图 6-68　重新排列场景

6.5.2　测试场景

在 Flash 创作环境中按【Enter】键可以播放影片，但是只能预览当前选定的活动场景。虽然导出影片后，影片将按顺序播放所有的场景，但是它并不是在 Flash 中完成的。因此，需要执行【控制】→【测试场景】命令。

如果要测试整个影片，可执行【控制】→【测试影片】命令或按【Ctrl+Enter】快捷键。这样将在新的窗口中打开影片，并根据其在场景面板中的顺序播放所有的场景；也可以执行【控制】→【播放所有场景】命令来播放所有的场景。

6.6　本章小结

帧、图层和场景都是 Flash 动画制作中不可或缺的元素，本章主要介绍帧、图层以及场景的基本知识和操作方法。完成本章的学习后，读者将会熟练掌握这些 Flash 的基础操作方法。

6.7 实例练习

本实例是一小段足球动画，表现踢足球的一系列动作。实例中运用到了本章内所学的帧和图层的操作，有助于巩固学习效果。绘图纸外观模式下，最终效果如图 6-69 所示。

图 6-69 最终效果

(1) 执行【文件】→【导入】→【导入到库】命令，将 "源文件\第 6 章\素材" 目录下的所有图片导入库中。

单击舞台，单击"属性"面板上的"大小"右侧的"编辑"按钮，弹出"文档属性"对话框，将帧频设置为"15"fps，其他为默认，如图 6-70 所示。

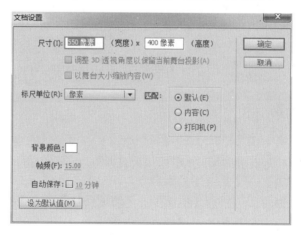

图 6-70 文档属性

(2) 执行【插入】→【新建元件】命令，弹出"创建新元件"对话框，在"名称"文本框中输入元件的名称"足球"，"类型"选择"影片剪辑"，单击"确定"按钮，进入元件编辑模式，如图 6-71 所示。

在元件编辑模式中，单击"时间轴"面板上"图层 1"的第 1 帧，将库中"足球.png"拖入舞台，并在属性面板上设置图片位置：X 为"0.0"，Y 为"0.0"。在第 13 帧插入关键帧，单击第 1 帧，执行【插入】→【传统补间】命令。

分别在第 7 帧、第 10 帧和第 12 帧插入关键帧。选择"任意变形工具" ，将第 7 帧内的元件顺时针旋转 180°，将第 10 帧内的元件逆时针旋转 90°，删除第 13 帧。这样就形成一个顺时针旋转的足球。在绘图纸外观轮廓模式下，如图 6-72 所示。

图 6-71　新建"足球"元件　　　　　　　　　图 6-72　旋转的足球

选择全部帧，执行【修改】→【时间轴】→【翻转帧】命令，使足球逆时针旋转，如图 6-73 所示。

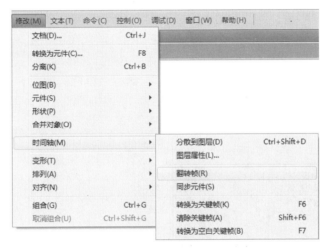

图 6-73　翻转帧

(3) 执行【插入】→【新建元件】命令，弹出"创建新元件"对话框，在"名称"文本框中输入元件的名称"足球滚动"，"类型"选择"影片剪辑"，单击【确定】按钮，进入元件编辑模式，如图 6-74 所示。

图 6-74　新建"足球滚动"元件

　　在元件编辑模式中，单击"时间轴"面板上"图层 1"，重命名为图层"足球"，选择第 1 帧，将库中的"足球"元件拖入舞台，并在属性面板上设置元件属性：X 为"0.0"，Y 为"0.0"，宽度为"62.7"，高度为"62.7"，如图 6-75 所示。

　　在第 9 帧插入关键帧，单击第 1 帧，执行【插入】→【传统补间】命令。在第 4 帧插入关键帧，将帧内元件向左平移 40 个像素。在第 13 帧插入普通帧。形成足球回滚的效果。在绘图纸外观模式下，如图 6-76 所示。

图 6-75　"足球滚动"元件内第一帧元件属性

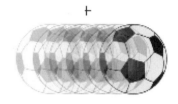

图 6-76　足球滚动效果

　　单击"时间轴"面板上的"新建图层"按钮 ，在图层"足球"下面新建图层，并命名为"阴影"。选择第 1 帧，选中"工具栏"中的"椭圆工具" ，将笔触颜色设置为"无" ，填充颜色设置为"#808E9A"，画一个椭圆。如图 6-77 所示。

　　单击椭圆图形，在属性面板设置大小：宽度为"30.0"，高度为"6.0"。将图形移动到足球正下方并紧贴足球，如图 6-78 所示。

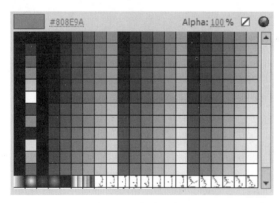

图 6-77　颜色面板

图 6-78　足球阴影效果

　　在第 9 帧插入关键帧，单击第 1 帧，执行【插入】→【传统补间】命令。在第 4 帧插入关键帧，将帧内阴影图形向左平移 40 个像素。在第 13 帧插入普通帧。制作与足球同步运动的效果。

　　(4) 执行【插入】→【新建元件】命令，弹出"创建新元件"对话框，在"名称"文本框中输入元件的名称"跑步"，"类型"选择"影片剪辑"，单击"确定"按钮，进入元件编辑模式。如图 6-79 所示。

图 6-79　新建"跑步"元件

在元件编辑模式中，单击"时间轴"面板上"图层 1"的第 1 帧，将库中"跑步 01.png"拖入舞台，并在属性面板上设置图片属性：X 为"0.0"，Y 为"0.0"，宽度为"200.0"，高度为"230.0"，如图 6-80 所示，效果如图 6-81 所示。

图 6-80　"跑步"元件内第一帧图片属性

图 6-81　"跑步"元件内第一帧效果

在第 3 帧、第 5 帧、第 7 帧、第 9 帧和第 11 帧插入空白关键帧，将库中的"跑步 02.png"到"跑步 06.png"五张图片依次分别拖入到五个空白关键帧的舞台上。并在属性面板上设置相同的图片属性：X 为"0.0"，Y 为"0.0"，宽度为"200.0"，高度为"230.0"。在第 12 帧插入普通帧。

(5) 执行【插入】→【新建元件】命令，弹出"创建新元件"对话框，在"名称"文本框中输入元件的名称"踢球"，"类型"选择"影片剪辑"，单击"确定"按钮，进入元件编辑模式。如图 6-82 所示。

在元件编辑模式中，单击"时间轴"面板上"图层 1"的第 1 帧，将库中的"跑步"元件拖入舞台，并在属性面板上设置图片属性：X 为"0.0"，Y 为"0.0"，宽度为"192.0"，高度为"220.0"。

再将库中的"足球"元件也拖入舞台，并在属性面板上设置图片属性：X 为"-39.0"，Y 为"169.0"，宽度为"63.0"，高度为"63.0"。如图 6-83 所示。

(6) 单击"编辑栏"内的"场景 1"图标 场景1，退出元件的编辑状态，返回到场景中。

单击"时间轴"面板上"图层 1"，重命名为"踢球"。选择第 1 帧，将库中的"踢球"元件拖入舞台，并在属性面板上设置元件属性：X 为"238"，Y 为"136"，宽度为"239.0"，高度为"223.0"。

图 6-82 新建"踢球"元件

图 6-83 踢球效果

在第 17 帧插入关键帧。选择第 1 帧，执行【插入】→【传统补间】命令。单击第一帧内的元件，将元件水平移动到舞台右侧外，移动后的属性，如图 6-84 所示。

（7）单击"时间轴"面板上的"新建图层"按钮 🔲 新建图层，命名为"停球"，在第 17 帧插入关键帧。将库中"停球 01.png"拖入舞台，并在属性面板上设置图片位置：X 为"151.0"，Y 为"107.0"，宽度为"278.0"，高度为"248.0"，如图 6-85 所示。与图层"踢球"内的人物大小一致，位置重合。

图 6-84 图层"踢球"第 1 帧内元件属性

图 6-85 图层"停球"第 18 帧内图片属性

将此关键帧移动到第 18 帧。分别在"时间轴"面板上"图层 1"的第 20 帧、第 22 帧、第 24 帧、第 26 帧、第 28 帧、第 30 帧、第 32 帧、第 34 帧、第 36 帧和第 38 帧上插入空白关键帧，在第 39 帧位置插入普通帧，将库中图片"停球 02.png"至"停球 11.png"依次拖入这几个空白关键帧的舞台上，并在属性面板上将图片位置都设置如下：X 为"151.0"，Y 为"107.0"，宽度为"278.0"，高度为"248.0"，时间轴如图 6-86 所示。

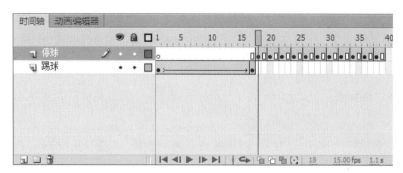

图 6-86 图层"停球"时间轴

(8) 执行【插入】→【新建元件】命令，弹出"创建新元件"对话框，在"名称"文本框中输入元件的名称"颠球"，"类型"选择"影片剪辑"，单击"确定"按钮，进入元件编辑模式，如图 6-87 所示。

图 6-87　新建"颠球"元件

在元件编辑模式中，单击"时间轴"面板上"图层 1"的第 1 帧，将库中"颠球 01.png"拖入舞台，并在属性面板上设置图片属性：X 为"0.0"，Y 为"0.0"，如图 6-88 所示。

同上操作，分别在"时间轴"面板上"图层 1"的第 3 帧、第 5 帧、第 7 帧、第 9 帧、第 11 帧、第 13 帧和第 15 帧上插入空白关键帧，在第 16 帧位置插入普通帧，将库中图片"颠球 02.png"至"颠球 08.png"依次拖入这几个空白关键帧的舞台上，并在属性面板上将图片位置都设置如下：X 为"0.0"，Y 为"0.0"，时间轴如图 6-89 所示。

图 6-88　"颠球"元件第 1 帧内图片属性

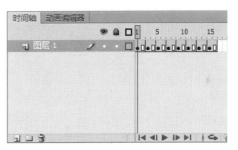

图 6-89　颠球元件时间轴

(9) 单击"编辑栏"内的"场景 1"图标 场景1，退出元件的编辑状态，返回到场景中。

单击"时间轴"面板上的"新建图层"按钮 新建图层，命名为"颠球"，在第 39 帧插入关键帧。将库中的"颠球"元件拖入舞台，并在属性面板上设置元件属性 X 为"186"，Y 为"112"，宽度为"112.0"，高度为"246.0"，如图 6-90 所示。与图层"停球"第 39 帧内的人物大小一致，位置重合。

将此关键帧移动到第 40 帧。选择第 40 帧，单击右键，从弹出的菜单中选择【动作】命令。在动作面板内输入代码："stop();"，如图 6-91 所示。

(10) 完成动画的制作，执行【文件】→【保存】命令，将动画保存为"第 6 章.fla"。完成后的"时间轴"面板效果如图 6-92 所示。

按【Ctrl+Enter】快捷键测试动画。

图 6-90　图层"颠球"第 40 帧内元件属性　　　图 6-91　图层"颠球"第 40 帧内动作

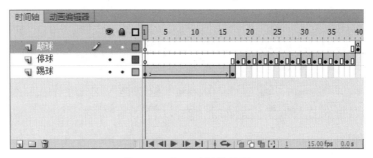

图 6-92　实例时间轴效果

第7章 制作动画

动画是对象的尺寸、位置、颜色与形状随着时间发生变化的过程。在 Flash 中，有补间动画和逐帧动画两种基本的动画形式，还有引导动画和遮罩动画两种特殊的动画形式。无论多么复杂的 Flash 动画，都是由这些简单的动画组合而成的。

学习要点：

通过本章的学习，读者要熟练掌握以下内容：

* 掌握对象的基本变化。
* 制作形状补间动画。
* 制作运动补间动画。
* 掌握遮罩动画和引导动画。

7.1 Flash 中对象的基本变化

无论多么复杂的 Flash 动画，都是由基本动作的变化组合而成的。能充分地理解和掌握 Flash 中对象的基本变化形式，是制作复杂的动画前提。Flash 的对象有五种基本的变化形式：对象大小的变化、对象移动的变化、对象旋转的变化、对象颜色的变化和对象透明度的变化。

7.1.1 对象大小的变化

通过在不同的关键帧上，为对象设置不同的宽度和高度，并做成补间动画，可以表现由远及近或由近及远的镜头变换效果，这种操作也称为缩放对象的渐变动画。

对象大小的设置方法：选择要设置的对象，在"属性面板"中，单击"宽度"和"高度"文本框右侧的蓝色数字，可以输入数值；也可以通过在数字上按住鼠标左键滑动的方式调整对象的大小。当需要按固定宽高比例来调整对象大小时，单击 🔒 图标，使之变为 🔗 图标即可。

如图 7-1 和图 7-2 所示，在同一场景内，通过对对象大小的改变，表现出镜头由近及远的效果。对象大小属性设置如图 7-3 和图 7-4 所示。

7.1.2 对象移动的变化

在 Flash 中，对象的移动是指对象在动画中的位置发生变化，这是动画的基础动作。正因为有了对象的移动才使得动画有了动感。

图 7-1　放大表现近景效果

图 7-2　缩小表现远景效果

图 7-3　放大时属性设置

图 7-4　缩小时属性设置

　　对象位置的设置方法：选择要设置的对象，在"属性面板"中，单击"X"和"Y"坐标文本框右侧的蓝色数字，输入数值即可；也可以通过在数字上按住鼠标左键滑动的方式调整对象的位置。对象位置坐标以舞台中央的小圆圈为(0，0)坐标，可以为负值。

　　如图 7-5 和图 7-6 所示，通过对对象位置的改变，表现出对象移动的效果。对象位置属性设置如图 7-7 和图 7-8 所示。

图 7-5　移动前位置

图 7-6　移动后位置

图 7-7　移动前属性设置

图 7-8　移动后属性设置

7.1.3　对象旋转的变化

对象的旋转变化，就是通过变形工具调整对象在舞台上摆放的角度，通常和移动变化一起使用，以表现对象的不同状态。

对象旋转的设置方法：选择要设置的对象，单击"工具栏"内的"任意变形工具"，对象周围出现由多个边控制点和框角控制点组成的边框。鼠标在框角控制点外侧变为旋转图标时，按住左键进行拖拽，就可以调整对象的角度，进行旋转操作。

在使用"任意变形工具"旋转元件时，还可以拖拽调整旋转中心点(即任意变形框中心的小圆点)的位置，这样在旋转时元件会以旋转中心点为轴心进行旋转。

如图 7-9 所示，通过对 "灯笼"进行旋转，以表现灯笼摆动的效果。效果如图 7-10 所示。

图 7-9　自由变形工具

图 7-10　摆动效果

7.1.4　对象颜色的变化

颜色变化是 Flash 动画基础效果之一，通过对象颜色属性的设置，可以使对象从一种色调变为另一种色调，而不需要重新制作其他色调的元件。利用颜色的变化，可以表现出丰富多彩的内容。

对象颜色的设置方法：选择要设置的对象，在"属性面板"中，单击"色彩效果"内"样式"下拉列表框右侧的三角形按钮，选择"色调"选项。对"色调"调节杆和"红"、

"绿"、"蓝"调节杆进行调节，或直接输入数值，调整对象的色调。

如图 7-11 和图 7-12 所示，通过把场景内背景对象的色调设置为黑色，表现出从白天到黑夜的时间变化。对象色调属性设置如图 7-13 和图 7-14 所示。

图 7-11　颜色变化前

图 7-12　颜色变化后

图 7-13　颜色变化前属性设置

图 7-14　颜色变化后属性设置

7.1.5　对象透明度的变化

在 Flash 动画当中，透明度的变化经常被用来表现对象淡入淡出的效果。由淡淡的看不见到逐渐显示清晰称作淡入效果；由清晰可见经逐渐淡化直到完全无影无踪称为淡出效果。淡入淡出效果能够充分展示 Flash 的魅力：动画对象逐渐由无到有，从淡淡的形象到鲜艳的色彩；完成舞台表演后，又逐渐淡化直到消失。

对象透明度的设置方法：选择要设置的对象，在"属性面板"中，单击"色彩效果"内"样式"下拉列表框右侧的三角形按钮，选择"Alpha"选项。对"Alpha"调节杆进行调节，或直接输入百分百数值，调整对象的透明度。

如图 7-15 和 图 7-16 所示，通过对人物对象设置淡入淡出效果，表现在固定环境中，人物日复一日劳作生活的场景。对象透明度属性设置如图 7-17 和图 7-18 所示。

图 7-15　透明度变化前　　　　　　　　图 7-16　透明度变化后

图 7-17　透明度变化前属性设置　　　　　图 7-18　透明度变化后属性设置

7.2　补间动画

补间动画是一种非常有效的动画创建方式，它可以使帧中的内容随时间的推移发生移动或变形。补间动画分为两种：一种是形状补间动画，另一种是运动补间动画。创建补间动画时，只要确定开始和结尾两个关键帧中的对象，不必像逐帧动画那样在每个关键帧中都要绘制对象，缩短了动画的创作时间。因为 Flash 只保存了变化的信息，而不是每个过度帧的图形，所以动画生成的文件比较小。

7.2.1　运动补间动画

运动补间动画也称为动画补间动画，是以元件为基本元素，通过定义元件实例在某帧的属性，并在另外一帧改变属性，并由 Flash 补间两帧之间的变化的动画形式。运动补间动画可以实现对象的移动、对象的缩放、对象的旋转、对象颜色及透明度的变化等，这些效果可以单独使用，也可同时使用。

创建运动补间动画有以下两种方法：

1．创建传统补间动画方法

(1) 创建元件，也可以由图形转换成元件。

(2) 将元件放入动画的起始点关键帧，并建立末尾关键帧。"时间轴"面板效果如图 7-19 所示。

(3) 设定动画的变化方式，即两个关键帧内元件的属性变化。如图 7-20 所示(此范例中设定末尾关键帧的对象放大一些，并位移到画面底部)。

图 7-19　传统补间起始帧效果

图 7-20　传统补间结束帧效果

(4) 单击两个关键帧之间的任意帧，执行【插入】→【传统补间】命令，或者单击鼠标右键，在弹出的菜单中选择【创建传统补间】命令。效果如图 7-21 所示(打开绘图纸外观功能，可查看补间变化情况)。

图 7-21　传统补间效果

2．创建新补间动画方法

(1) 创建元件，也可以由图形转换成元件。

(2) 将元件放入动画的起始点关键帧。

(3) 单击关键帧，执行【插入】→【补间动画】命令，或者单击鼠标右键，在弹出的菜单中选择【创建补间动画】命令。

(4) 拖动补间尾部至动画所需的末尾帧处，改变舞台上对象的属性，则 Flash 将自动创建末尾关键帧，效果如图 7-22 所示。

7.2.2　形状补间动画

形状补间动画与运动补间动画的不同在于动画的对象：运动补间动画的动画对象是元件，而形状补间动画的动画对象是图形。形状补间动画以图形为基本元素，由一种图形变形成另一种图形，也可以补间形状的位置、大小、颜色和不透明度等变化。

图 7-22 新补间效果

形状补间只对舞台上存在的形状起作用，而无法对元件实例、文本、位图等对象进行形状补间。在对这些对象进行形状补间之前，必须先执行【修改】→【分离】命令将其打散为图形。

1. 创建形状补间动画的方法

(1) 选择第 1 帧，使用绘图工具在舞台上绘制图形，也可以选择要进行形状变换的对象，执行【修改】→【分离】命令将其打散为图形。

(2) 选择需要终结的帧，插入关键帧并使用能够变换图形的工具将图形变形；或者插入空白关键帧并重新绘制图形。

(3) 选择两个关键帧或之间的任意一帧，执行【插入】→【补间形状】命令，或者单击鼠标右键，在弹出的菜单中选择【创建补间形状】命令，时间轴效果如图 7-23 所示。

在"属性"面板中还可以设置形状补间的特性，如图 7-24 所示。

● 在"缓动"文本框中输入数值，可加快或减慢补间的速度。正值将使补间在开始时变得更快，负值将使补间在结束时变得更快，还可以直接通过滑块来调整数值。

● 在"混合"下拉菜单中选择混合选项，选择"分布式"，将使动画中间的形状变得更加平滑，选择"角形"，将在中间的帧中保持直的边界。

图 7-23 形状补间时间轴　　　　　　　　　图 7-24 形状补间属性

2．添加形状提示制作动画

形状提示用于形状补间动画，添加形状提示点可以标识起始形状和结束形状中相应的点。在形状补间动画过程中，通过这些形状提示点可以很好的控制变形的过程，控制复杂的形状变化。

（1）添加形状提示。执行【修改】→【形状】→【添加形状提示】命令，在位图动画中添加提示点。调整起始关键帧和结束关键帧上相对应的形状提示点的位置，如图 7-25 和图 7-26 所示。补间变形效果如图 7-27 所示。

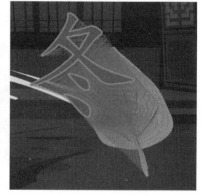

图 7-25 起始帧形状提示　　　图 7-26 结束帧形状提示　　　图 7-27 形状补间效果

（2）查看形状提示。执行【视图】→【显示形状提示】命令，可查看形状提示点。只有包含形状提示的图层与关键帧处于活动状态下，"显示形状提示"才可应用。

（3）删除形状提示。如果要删除一个形状提示，可直接将其拖离舞台。如果要删除所有形状提示，执行【修改】→【形状】→【删除所有提示】命令。

（4）使用形状提示的注意事项：

① 形状提示为从 A 至 Z 的英文字母，用于识别起始形状与结束形状中相对应的提示点。最多可以使用 26 个形状提示。

② 起始关键帧上的形状提示点是黄色的，结束关键帧的形状提示点是绿色的，当不在一条曲线上时为红色。

③ 在作复杂的形状补间时，可以创建多个中间形状关键帧，然后分别进行补间，这

样可以更好地控制补间动画效果。

④ 按逆时针顺序从形状的左上角开始放置形状提示，效果最好。形状提示要符合逻辑。

7.3 逐帧动画

逐帧动画就是在时间轴上按顺序为每一帧都插入一幅图片，并且要求相邻帧的图片差别要小。利用人类具有视觉暂留的特性，快速且连续地切换这些图片就会观看到动画的效果。利用逐帧动画，用户可以控制内容移动的方式，从而编辑可见的任何对象。

逐帧动画的缺点也很明显，除了消耗大量的时间之外，这种动画方式还会增加影片文件的体积。因此，在一般情况下可以不使用这种方式制作动画。但是，对于要求较高的影片，逐帧动画却能发挥出它独特的作用。

下面以实例讲述如何导入素材生成逐帧动画。

(1) 执行【文件】→【导入】→【导入到舞台】命令，将 "源文件\第 7 章\素材" 目录下 "人物 01.png" 至 "人物 04.png" 四张图片导入库中。

(2) 执行【插入】→【新建元件】命令，弹出 "创建新元件" 对话框，在 "名称" 文本框中输入元件的名称，"类型" 选择 "影片剪辑"，单击【确定】按钮，进入元件编辑模式。

(3) 单击 "时间轴" 面板上 "图层 1" 的第 1 帧，将库中 "人物 01.png" 拖入舞台，并在属性面板上设置图片位置为 "X：0.0，Y：0.0"，如图 7-28 所示。

图 7-28　逐帧动画第一帧

(4) 同上操作，分别在"时间轴"面板上"图层1"的第2帧、第3帧、第4帧上插入空白关键帧，在第16帧位置插入普通帧，将库中图片"人物02.png"至"人物04"依次拖入这几个空白关键帧的舞台上，并在属性面板上将图片位置依次设置为(X=120.0，Y=0.0)，(X=240.0，Y=0.0)，(X=360.0，Y=0.0)，时间轴如图7-29所示。

在"绘图纸外观"模式下，逐帧动画最终效果如图7-30所示。

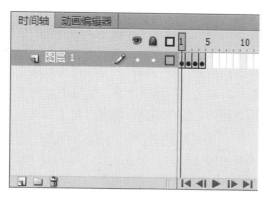

图 7-29　逐帧动画时间轴

图 7-30　逐帧动画效果

此例中使用逐帧动画方式表现人物走路的连贯动作。如果动作分解不够细腻，可以适当地在关键帧中间插入普通帧，以减慢人物动作变化的速度。

7.4　引　导　动　画

在运动补间动画中，动画对象在起始帧处于某一位置，在终点帧可能在另一位置上(也可以位置不变而改变对象的属性)。如果不设定对象运动的路径，对象从起点到终点的运动将是直线运动。如果需要使对象沿曲线运动，可以通过添加引导层动画，使对象沿设计者指定的路径移动。

7.4.1　引导动画原理

引导动画是运动补间动画的扩展，在创建引导动画的过程中必然要完成运动补间动画的制作。也就是说，引导层动画的制作通常需要两个图层才能完成：一个图层是引导层，用于确定运动对象的轨迹；另一个图层是被引导层，用于制作运动补间动画。需要注意：在创建引导层动画时，两个图层之间必须相互关联，引导层图层位于被引导层图层的正上方，如图7-31所示。

使用引导层时注意以下三点：

(1) 引导层上只能画运动轨迹。

(2) 运动轨迹是连续的，但不能完全闭合，必须有且仅有一个起点和一个终点。

(3) 运动轨迹在设计时是可见的，运行时是不可见的。

利用运动引导层可以使元件实例、文本、位图或组等对象，沿着绘制的路径运动。可以将多个层链接到一个运动引导层，使多个对象沿同一条路径运动。

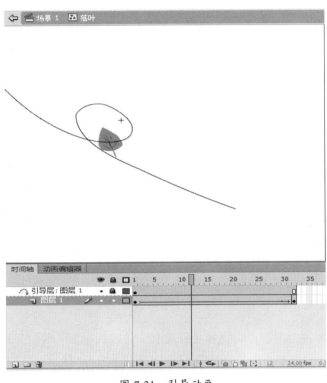

图 7-31　引导动画

7.4.2　制作引导动画

制作引导动画的步骤如下：

(1) 创建移动补间动画。按照运动补间动画的制作方法，将动画对象转换成元件(或预先建立图形动画元件)，再设定好动画的起始帧与终点帧，并建立补间。

(2) 创建引导层。创建引导层的方法有两种：

① 选中已完成的补间动画图层，单击鼠标右键，在弹出的菜单中，选择【添加传统运动引导层】命令，在动画图层上面将建立引导层，图层名称栏前有 图标，同时下面的补间动画图层将与引导层相关联，如图 7-32 所示。

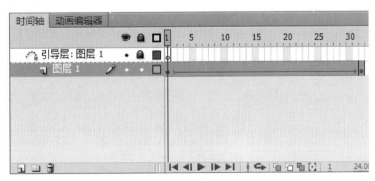

图 7-32　创建引导层

② 要将普通图层变为引导层，只需要将图层属性设置为"引导层"。方法是在该图层名称栏单击鼠标右键，从弹出的菜单中选择【引导线】命令。还未确定引导层的引导对象之前，引导层名称栏前的图标为 ✎；确定引导层的引导对象之后，引导层名称栏前的图标会自动变成 ⌖。

要将补间动画图层与引导层相关联，只需要将图层拖动到引导层下方，该图层将以缩进形式显示，且图层上的所有对象自动与运动路径对齐，如图7-33所示。

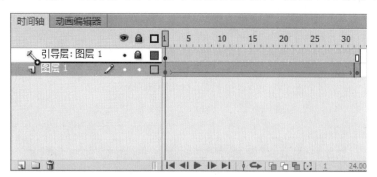

图 7-33　关联被引导层

如果需要断开链接图层，可执行【修改】→【时间轴】→【图层属性】命令，然后在"图层属性"对话框中选择"一般"作为图层类型，即可断开。

(3) 绘制引导层的运动轨迹。引导层只能用来绘制自定义的动画运动路径。路径的绘制使用铅笔工具 ✎ 或线条工具 ＼，然后再使用其他工具进行修改。绘制线条的颜色任意，因为播放动画时路径是隐藏的，不会显示任何线条，如图7-34所示。

(4) 使对象贴齐至路径。在动画的起始帧和终点帧上，分别移动动画对象与路径线条上的所需的起始位置和最终位置贴齐。播放动画时，动画对象将从起始帧的引导线上所在位置运动到终点帧的引导线上所在位置，如图7-35所示。

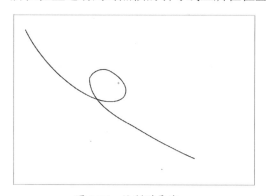

图 7-34　绘制引导线

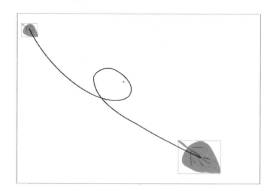

图 7-35　贴齐至路径

要让动画对象在起始帧与终点帧贴齐至路径，最好先确认工具栏中贴紧对象按钮 🧲 已选中，这样可以确保对象很容易贴齐路径线条。.

在"绘图纸外观"模式下，引导动画最终效果如图7-36所示。

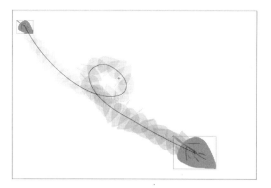

图 7-36　引导动画效果

7.5　遮罩动画

"遮罩"就是遮挡住下面的内容。遮罩动画是 Flash 中的最重要的动画类型之一，利用遮罩可以完成许多精彩的动画效果。"遮罩动画"就是通过"遮罩层"来达到有选择地显示位于其下方的"被遮罩层"中的内容的目地。在一个遮罩动画中，遮罩层只有一个，被遮罩层可以有任意个。

7.5.1　遮罩动画原理

遮罩动画是透过上面的遮罩层显示下面被遮罩层中对象的一种动画效果。制作遮罩动画至少需要两个图层，处于上面的图层为遮罩层，处于下面的图层为被遮罩层。遮罩层制作的是显示区域，它由遮罩层内图形的形状决定，在遮罩层中没有图形的位置，被遮罩层的内容将被隐蔽起来；在遮罩层中有图形的位置，被遮罩层的内容才会显示出来。只有当这两个图层相互关联、共同作用时，才会生成遮罩效果。也可以将多个图层关联一个遮罩层之下，形成多个被遮罩层，来实现复杂的效果。如图 7-37 所示，透过遮罩层树叶的形状，看到被遮罩层的内容。

图 7-37　遮罩动画

在 Flash 动画中，遮罩主要有两个用途：一个是用在整个场景或一个特定区域，使场景外的对象或特定区域外的对象不可见，另一个是用来遮罩住某一元件的一部分，从而实现一些特殊的效果。

使用遮罩动画时要注意以下三点：

(1) 遮罩层中图形的颜色对遮罩没有影响，图形无论是什么颜色或者图案，遮罩效果都是一样的。

(2) 遮罩效果要在编辑模式下显示，需要将遮罩层和被遮罩层上锁。否则就只有在动画播放(或按【Ctrl + Enter】快捷键)时才能显示出来。

(3) 遮罩层的图形不能使用线条，如果要用线条，可以将线条转化为"填充"。方法：选中线条，执行【修改】→【形状】→【将线条转换为填充】命令，如图 7-38 所示。

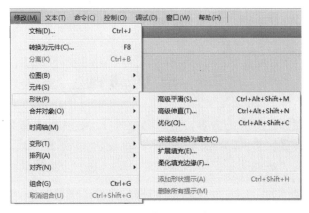

图 7-38　线条转换为填充

7.5.2　制作遮罩动画

制作引导动画的操作方法如下：

1．将普通图层转化为遮罩层

Flash 中的遮罩层是由普通图层转化而来的。只要按照创建普通图层的方法建立图层，并在图层上制作需要的遮罩图形，再按照以下过程建立遮罩层。

选中图层，单击鼠标右键，在弹出的菜单中选择【遮罩层】命令，使菜单项被选勾，该图层就会生成遮罩层。图层名称前的图标会变为遮罩层图标，系统会自动将遮罩层下面的一层关联为"被遮罩层"，被遮罩层在缩进的同时图标变为，如图 7-39 所示。

图 7-39　遮罩层

2．将普通图层转化为被遮罩层

如果要在创建遮罩层后，将其他的图层转换为被遮罩层，可以执行以下任意一种步骤：

(1) 选中图层，执行【修改】→【时间轴】→【图层属性】命令；或单击右键，从弹出的菜单中选择【属性】命令。然后在弹出的"图层属性"对话框中选择"被遮罩层"，如图 7-40 所示。

(2) 在时间轴面板上，将图层拖到遮罩层下方，如图 7-41 所示。

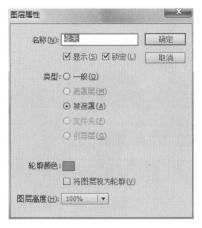

图 7-40　图层属性设置被遮罩层

图 7-41　拖拽设置被遮罩层

(3) 在任意被遮罩层上面创建一个新图层。

如果需要将被遮罩层转换为普通图层，可以选择遮罩图层，执行【修改】→【时间轴】→【图层属性】命令；或单击右键，从弹出的菜单中选择【属性】命令，然后在弹出的"图层属性"对话框中选择"一般"，即可断开图层与遮罩层的链接，变回普通图层。

3．构建复杂的遮罩效果

遮罩动画不仅仅是简单的创建遮罩层和被遮罩层，更重要的是用它可以实现复杂的遮罩动画效果。要实现这一效果，可以在遮罩层和被遮罩层中使用按钮、影片剪辑、图形、位图、文字等对象；也可以在遮罩层和被遮罩层中分别或同时使用形状补间动画、动作补间动画、引导线动画等动画方式。

7.6　本章小结

本章主要讲解了如何在 Flash 中创建简单的 Flash 动画，包括逐帧动画、运动补间动画、形状补间动画、引导动画和遮罩动画的制作方法。通过对本章的学习，读者可以了解到 Flash 中各种动画的制作方法，并能够组合出复杂的动画效果。

7.7　实例练习

本实例是一小段场景动画，以卡通造型为主，表现秋去冬来主人公日复一日劳作生活的场景。实例中运用本章内所学的全部动画效果，有助于巩固学习效果。最终效果如图 7-42 所示。

图 7-42 实例效果

(1) 执行【文件】→【导入】→【导入到库】命令，将 "源文件\第 7 章\素材"目录下的所有图片导入库中。

单击舞台，单击"属性"面板上的"大小"右侧的"编辑"按钮，弹出"文档属性"对话框，确认"尺寸"为 550 像素×400 像素，其他为默认，如图 7-43 所示。

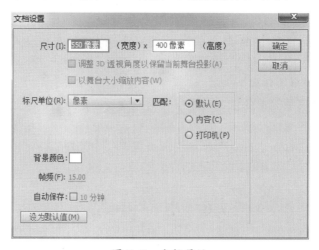

图 7-43 文档属性

(2) 将"时间轴"面板上"图层 1"的图层名称改为"秋天"。单击第 1 帧，将库中"秋天背景.png"拖入舞台，在属性面板内，设置图像位置：X 为"-750"，Y 为"-220"；图形大小：宽度为"2000.0"，高度为"962.0"，如图 7-44 所示。舞台效果如图 7-45 所示。

在第 46 帧插入关键帧，选择舞台内的图片，在属性面板内，设置图像属性：X 为"-286"，Y 为"-18"；图形大小：宽度为"1100.0"；高度为"528.0"，如图 7-46 所示。舞台效果如图 7-47 所示。

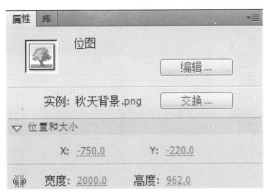

图 7-44　"秋天"图层第 1 帧元件属性

图 7-45　"秋天"图层第 1 帧舞台效果

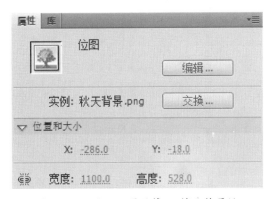

图 7-46　"秋天"图层第 46 帧元件属性

图 7-47　"秋天"图层第 46 帧舞台效果

单击第 1 帧，执行【插入】→【传统补间】命令。

(3) 执行【插入】→【新建元件】命令，弹出"创建新元件"对话框，在"名称"文本框中输入元件的名称"人物运动"，"类型"选择"影片剪辑"，单击"确定"按钮，进入元件编辑模式，如图 7-48 所示。

图 7-48　建立"人物运动"元件

在元件编辑模式中，单击"时间轴"面板上"图层 1"的第 1 帧，将库中"人物 01.png"拖入舞台，并在属性面板上设置图片位置：X 为"0.0"，Y 为"0.0"，如图 7-49 所示。

同上操作，分别在"时间轴"面板上"图层 1"的第 5 帧、第 9 帧、第 13 帧上插入空白关键帧，在第 16 帧位置插入普通帧，将库中图片"人物 02.png"至"人物 04"依次拖入这几个空白关键帧的舞台上，并在属性面板上将图片位置都设置如下：X 为"0.0"，Y 为"0.0"，时间轴如图 7-50 所示。

图 7-49 "人物运动"元件第 1 帧

图 7-50 "人物运动"元件时间轴

(4) 单击"编辑栏"内的"场景 1"图标 <img> 场景1 ，退出元件的编辑状态，返回到场景中。单击"时间轴"面板上"新建图层"按钮新建图层，并命名为"人物"。

在第 46 帧插入关键帧，将"库"面板中的"人物运动"元件拖入到舞台中。对元件的位置和大小做如下设置：X 为"279"，Y 为"194"，宽度为"30.0"，高度为"66.6"，如图 7-51 所示。舞台效果如图 7-52 所示。

图 7-51 "人物"图层第 46 帧属性

图 7-52 "人物"图层第 46 帧效果

在第 76 帧插入关键帧，单击关键帧内的元件，设置元件位置：X 为 "319.0"，Y 为 "194.0"，如图 7-53 所示。舞台效果如图 7-54 所示。

图 7-53 "人物"图层第 76 帧属性

图 7-54 "人物"图层第 76 帧效果

单击第 46 帧，执行【插入】→【传统补间】命令。

在第 90 帧插入关键帧，单击关键帧内的元件，设置元件色彩效果：单击"样式"下拉列表框右侧的三角形按钮，选择"Alpha"选项，Alpha 值为"0%"，如图 7-55 所示。舞台效果如图 7-56 所示。

图 7-55 "人物"图层第 90 帧属性

图 7-56 "人物"图层第 90 帧效果

单击第 76 帧，执行【插入】→【传统补间】命令。

(5) 在第 102 帧插入空白关键帧，将"库"面板中的"人物运动"元件拖入到舞台中。选择元件，执行【修改】→【变形】→【水平翻转】命令。对元件的位置和大小做如下设置：X 为 "320"，Y 为 "200"，宽度为 "30.0"，高度为 "66.6"，如图 7-57 所示。舞台效果如图 7-58 所示。

在第 157 帧插入关键帧，单击关键帧内的元件，对元件的属性做如下设置：X 为 "92"，Y 为 "213"，宽度为 "100.0"，高度为 "222.0"，单击"样式"下拉列表框右侧的三角形按钮，选择"Alpha"选项，Alpha 值为"0%"如图 7-59 所示。舞台效果如图 7-60 所示。

单击第 102 帧，执行【插入】→【传统补间】命令。

图 7-57 "人物"图层第 102 帧属性

图 7-58 "人物"图层第 102 帧效果

图 7-59 "人物"图层第 157 帧属性

图 7-60 "人物"图层第 157 帧效果

(6) 选中图层"秋天",在第 178 帧和第 194 帧处分别插入关键帧。单击第 194 帧,选择关键帧内的元件,对元件属性做如下设置:单击"色彩效果"内"样式"下拉列表框右侧的三角形按钮,选择"色调"选项,色调值为"0%","红"、"绿"、"蓝"的值都为"0",如图 7-61 所示。舞台效果如图 7-62 所示。

图 7-61 "秋天"图层第 194 帧属性

图 7-62 "秋天"图层第 194 帧效果

单击第 178 帧,执行【插入】→【传统补间】命令。

(7) 执行【插入】→【新建元件】命令,弹出"创建新元件"对话框,在"名称"文本框中输入元件的名称"落叶","类型"选择"图形",单击【确定】按钮,进入元件编辑模式。如图 7-63 所示。

图 7-63　建立"落叶"元件

在元件编辑模式中,单击"时间轴"面板上"图层 1"的第 1 帧,将库中"叶子.png"拖入舞台,在第 32 帧处插入关键帧,单击第 1 帧,执行【插入】→【传统补间】命令。在属性面板设置补间属性,单击"旋转"下拉列表框右侧的三角形按钮,选择"顺时针"选项,如图 7-64 所示。

单击第一帧内的元件,在属性面板上设置元件大小:宽度为"153.0",Y 为"115.5",位置任意,如图 7-65 所示。

图 7-64　"落叶"元件补间设置

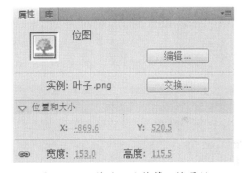

图 7-65　"落叶"元件第 1 帧属性

选中图层 1,单击鼠标右键,在弹出的菜单中选择【添加传统运动引导层】命令,在图层 1 上面建立引导层。使用"铅笔工具"在舞台上绘制引导轨迹,如图 7-66 所示。为保证轨迹平滑,在使用铅笔工具时,可在工具栏下方将"铅笔模式"选为"平滑"。

选中图层 1,将第 1 帧内的元件移动到路径线条左上端的起始位置贴齐,将第 32 帧内的元件移动到路径线条右下端的结束位置贴齐,如图 7-67 所示。

(8) 单击"编辑栏"内的"场景 1"图标,退出元件的编辑状态,返回到场景中。在图层"人物"上新建图层,命名为"落叶"。

在第 195 帧处插入关键帧,将"库"面板中的"落叶"元件拖入到舞台中。在第 226 帧处插入空白关键帧。

选择第 195 帧,对元件属性做如下设置:宽度为"440.0",高度为"322.4",如图 7-68 所示。将元件拖至舞台左侧外,并通过查看播放效果调整元件位置,保证落叶轨迹终点位于舞台中央。如图 7-69 所示。

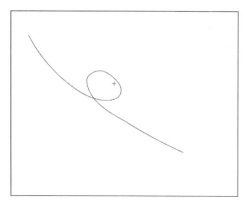

图 7-66 "落叶"元件内引导线

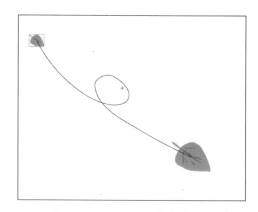

图 7-67 "落叶"元件内引导效果

图 7-68 "落叶"图层第 195 帧属性

图 7-69 "落叶"图层第 225 帧效果

在第 226 帧处插入空白关键帧。

（9）单击"时间轴"面板上的"新建图层"按钮，在图层"落叶"上新建图层，并命名为"形状补间"。

在第 225 帧插入关键帧，将"库"面板中 "叶子.png"拖入到舞台中。选择"任意变形工具"  ，将图片的位置和大小以及角度调整到和下层"落叶"的图像完全重合，如图 7-70 所示。并执行【修改】→【分离】命令将其打散为图形。如图 7-71 所示。

图 7-70 任意变形工具调整元件

图 7-71 【分离】命令

在第 241 帧插入空白关键帧，使用"工具栏"中的"文本工具"，在场景内输入文字"冬"，为文字更改如下属性：系列为"黑体"，大小为"60.0 点"，颜色为"#625F17"，属性设置如图 7-72 所示。将文本块移至舞台中间位置，与第 225 帧叶子图形位置重合。

执行【修改】→【分离】命令将其打散为图形。选中"工具栏"中的"墨水瓶工具" ，将笔触颜色设置为"#B28B23"，单击分离后的文字边缘，为文字描边，如图 7-73 所示。

图 7-72　第 241 帧文本属性　　　　　　　图 7-73　文字描边

单击第 225 帧，执行【插入】→【补间形状】命令。如果变形效果不顺畅，可插入形状提示调整。

在第 256 帧插入关键帧，在第 264 帧插入空白关键帧。选中"工具栏"中的"椭圆工具" ，将笔触颜色设置为"#B28B23"，填充颜色设置为"#625F17"，画一个小圆点，可在属性面板将宽度和高度都设定为"1.0"。单击第 256 帧，执行【插入】→【补间形状】命令。

(10) 单击"时间轴"面板上的"新建图层"按钮，在图层"形状补间"上新建图层，并命名为"冬天"。

在第 264 帧插入关键帧，将库中"冬天背景.png"拖入舞台，在属性面板内，设置图像位置：X 为"−286"，Y 为"−18"；图形大小：宽度为"1100.0"；高度为"528.0"，如图 7-74 所示。舞台效果如图 7-75 所示。

图 7-74　"冬天"图层第 264 帧元件属性

图 7-75　"冬天"图层第 264 帧效果

(11) 单击"时间轴"面板上的"新建图层"按钮，在图层"冬天"上新建图层，并命名为"遮罩"。

在第 264 帧插入关键帧，将库中"叶子.png"拖入舞台，在第 278 帧处插入关键帧，单击第 264 帧，执行【插入】→【传统补间】命令。

选择第 264 帧内的元件，在属性面板内，设置元件大小：宽度为"1.0"；高度为"1.0"。并将元件位置移至与"形状补间"图层上第 264 帧内的小圆点相重合。

选择第 278 帧内的元件，使用"任意变形工具"，将元件放大到能完全覆盖整个舞台。如图 7-76 所示，辅助线所标范围为舞台范围。

单击第 264 帧，执行【插入】→【传统补间】命令。

选中图层"遮罩"，单击鼠标右键，在弹出的菜单中选择【遮罩层】命令，使菜单项被选勾，将图层"遮罩"变为遮罩层，同时图层"冬天"自动变为"被遮罩层"。舞台效果如图 7-77 所示。

图 7-76　"遮罩"图层第 278 帧元件覆盖舞台

图 7-77　遮罩效果

(12) 执行【插入】→【新建元件】命令，弹出"创建新元件"对话框，在"名称"文本框中输入元件的名称"灯笼"，"类型"选择"影片剪辑"，单击【确定】按钮，进入元件编辑模式，如图 7-78 所示。

图 7-78　建立"灯笼"元件

在元件编辑模式中，单击"时间轴"面板上"图层 1"的第 1 帧，将库中"灯笼.png"拖入舞台，并在属性面板上设置图片大小：宽度为"41.0"，高度为"52.0"。

选择"任意变形工具"，将旋转中心点调整至"灯笼"的顶部中央"灯笼挂绳"的位置。将图片角度调整到如图 7-79 所示。

在第 60 帧处插入关键帧，单击第 1 帧，执行【插入】→【传统补间】命令。

在第 30 帧处插入关键帧，选择"任意变形工具"，将关键帧内元件的角度调整到如图 7-80 所示。

图 7-79 "灯笼"元件摆动左

图 7-80 "灯笼"元件摆动右

(13) 单击"编辑栏"内的"场景 1"图标, 退出元件的编辑状态, 返回到场景中。单击"时间轴"面板上的"新建图层"按钮, 在图层"遮罩"上新建图层, 并命名为"灯笼"。

单击第 1 帧, 将库中的元件"灯笼"拖入舞台, 在属性面板内, 设置图像位置: X 为"570", Y 为"116", 如图 7-81 所示。舞台效果如图 7-82 所示, 灯笼悬挂在房梁上, 位于舞台右侧外边(辅助线所标范围为舞台范围)。

图 7-81 "灯笼"图层第 1 帧属性

图 7-82 "灯笼"图层第 1 帧效果

在第 46 帧处插入关键帧, 在属性面板内设置元件属性: X 为"441", Y 为"164"; 图形大小: 宽度为"21.0",高度为"26.6"。如图 7-83 所示。舞台效果如图 7-84 所示, 灯笼依旧悬挂在房梁上。

图 7-83 "灯笼"图层第 46 帧属性

图 7-84 "灯笼"图层第 46 帧效果

单击第 1 帧, 执行【插入】→【传统补间】命令。

全选所有图层, 在第 320 帧插入普通帧。

(14) 完成动画的制作, 执行【文件】→【保存】命令, 将动画保存为"4.fla"。

按【Ctrl+Enter】快捷键测试动画。

第8章 使用声音

声音是 Flash 动画的重要组成部分，它可以传达更多的情感信息，调节听众的心理情绪，因此，声音已成为提高 Flash 作品内涵、品质的重要手段之一。

在 Flash 动画中，通常都需要事先将声音导入到文档中，只有在动态地装载声音时，才不需要事先导入。

学习要点：

通过本章的学习，读者要熟练掌握以下内容：

* 掌握声音的导入。

* 添加声音。

* 声音的编辑设置。

* 声音的压缩。

8.1 声音的导入

Flash 提供了一个声音共享库，内置了几十个较短的声音，比较适合于制作按钮的声效。但是，在制作动画时往往需要各种各样的声效，这就需要从外部导入声音文件。下面首先介绍 Flash 的声音效果，在考虑声音文件的应用场合之后，就可以将本地保存的声音文件导入到打开的 Flash 文件内。

8.1.1 声音的导入格式

Flash 目前支持的导入声音格式有 MP3、WAV 等，如果系统中安装了 QuickTime，则还可以导入 AIFF、SunAU 等声音格式。

1．MP3

MP3 就是一种音频压缩技术，由于压缩方式的全称为 MPEG Audio Layer3，所以简称为 MP3。MP3 是利用 MPEG Audio Layer 3 的技术，将音乐以 1∶10 甚至 1∶12 的压缩率，压缩成容量较小的文件。它能够在音质丢失很小的情况下把文件压缩到更小的程度，而且还非常好地保持了原来的音质。正是因为 MP3 体积小，音质高的特点使得 MP3 格式几乎成为最流行的音乐存储格式。

2．WAV

WAV 格式是 PC 标准声音格式，它直接保存了声音的原始数据，因此音质非常好，但相对的数据量也很大。标准格式化的 WAV 文件和 CD 格式一样，也是 44.1kHz 的取样频率，16 位量化数字，因此其声音文件质量和 CD 相差无几。

3．AIFF (AIF)

AIFF 是音频交换文件格式(Audio Interchange File Format)的英文缩写，是 Apple 公司开发的一种声音文件格式，被 Macintosh 平台及其应用程序所支持。AIFF 支持 ACE2、ACE8、MAC3 和 MAC6 压缩，支持 16 位 44.1kHz 立体声。AIFF 是 Apple 苹果电脑上面的标准音频格式，属于 QuickTime 技术的一部分，在 PC 电脑上需要安装 QuickTime 才能支持 AIFF 格式。

8.1.2　声音的导入

导入声音文件的步骤如下：

(1) 执行【文件】→【导入】→【文件导入到库】命令，在"导入文件"对话框中，选择相应的要导入的 MP3、AIFF 或 WAV 文件，单击"确定"按钮。选中的声音文件就导入到了 Flash 编辑器文档，并放到 Flash 的库中。

(2) 执行【窗口】→【库】命令，打开库，可找到刚才导入的声音文件。单击后，可在库窗口中预览，如图 8-1 所示。

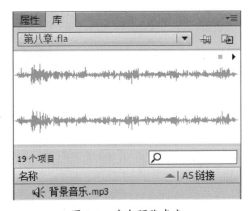

图 8-1　库中预览声音

在导入声音文件时，需要考虑文件的应用场合，如果将文件应用于场景中的图形对象，则声音文件不宜太大。若将声音文件应用于 Flash 动画的背景音乐或屏幕保护程序，则应导入较长的声音文件。

8.2　声音的使用

8.2.1　为影片添加声音

为影片添加背景音乐时，首先执行【文件】→【导入】→【导入到库】命令，将要导入的声音文件导入到"库"面板中。执行下列两种方法之一：

(1) 新建一个图层，单击要添加声音的关键帧，将声音文件从"库"面板中拖到场景中，此时声音就添加到了当前层中，如图 8-2 所示。

(2) 选择要添加声音的关键帧，在"属性"面板中选择所需的声音文件，将自动添加声音，如图 8-3 所示。

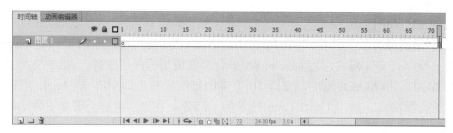

图 8-2　图层添加声音

图 8-3　"属性"面板添加声音

可以将多个声音放在同一图层上，或放在包含其他对象的图层上。但是建议将每个声音放在一个独立图层上，每个图层作为一个独立的声音通道。当重放影片时，所有图层上的声音自动混合在一起。

8.2.2　为按钮添加声音

Flash 动画最大的一个特点是交互性，交互按钮是 Flash 中重要的元素。当指针操作按钮时发出动听的音效，会为浏览者带来不同的感受。就像为影片添加声音一样，Flash 提供了为按钮添加声音的功能，方法与为影片添加声音没有什么不同。

(1) 执行【文件】→【导入】→【导入到库】命令，将要导入的按钮音效文件导入到"库"面板中。

(2) 打开"库"面板，双击需要加上声效的按钮元件，进入按钮元件的编辑场景中，下面要将导入的声音加入这个元件中。

(3) 新插入一个图层，在与按钮的各种状态相应的帧上插入关键帧并添加适合音效。如果想要在按钮被单击时播放声音，就在"按下"状态插入关键帧。

选择图层的第 3 帧，按【F7】键插入一个空白关键帧，然后将"库"面板中导入的音效拖放到场景中，则在第 3 帧开始出现了声音的声波线，如图 8-4 所示。

(4) 打开"属性"面板，将"同步"选项设置为"事件"，并且重复 1 次，如图 8-5 所示(必须将"同步"选项设置为"事件"，如果还是"数据流"同步类型，那么声效将听不到。给按钮加声效时一定要使用"事件"同步类型)。

图 8-4　按钮添加声音　　　　　　　　　图 8-5　声音面板设置

(5) 测试动画，当鼠标单击按钮时，声效出现。

8.2.3　通过行为使用声音

除了使用前面的方式对声音进行播放并通过属性面板来进行播放设置外，还可以使用 ActionScript 中的 Sound 对象将声音添加到文档中，并借助行为在文档中控制声音对象。例如在影片中加载声音，在播放声音时调整音量或左右平衡声道等。

要在动作中使用声音，首先要在"链接属性"对话框中为声音分配一个标识符。为声音分配标识符的步骤如下：

在"库"面板中选择声音。单击鼠标右键，从弹出的选项菜单中选择"属性"选项，打开"声音属性"对话框，如图 8-6 所示。

单击"ActionScript"标签选项卡。选中"为 ActionScript 导出"复选框，在"标识符"文本框中输入一个唯一的名称(不包含任何空格)，如图 8-7 所示，然后单击【确定】按钮。

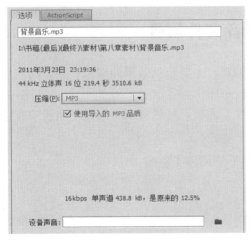

图 8-6　声音属性　　　　　　　　　图 8-7　声音属性高级设置

选择【窗口】→【行为】命令，打开行为面板，如图 8-8 所示。

单击"行为"面板中的"添加行为"按钮 ✛，执行【声音】→【从库加载声音】命令，如图 8-9 所示。

打开"从库加载声音"对话框，在"键入库中要播放的声音的链接 ID"文本框中输入前面为声音设置的标识符，并在下面的文本框中输入一个实例名称，以便在其他需要编程的地方用这个实例名来引用这个声音实例以便对其进行控制，如图 8-10 所示。

图 8-8 "行为"面板

图 8-9 添加行为

单击【确定】按钮，就为当前帧添加了一个行为，如图 8-11 所示。

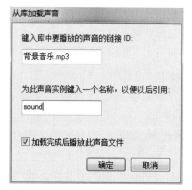

图 8-10 从库加载声音

图 8-11 添加行为后

8.3 设置声音文件属性

声音被导入动画中后，可以对声音进行编辑，主要包括效果的编辑、声音的同步、循环等。

选择"声音"图层的第 1 帧，打开"属性"面板，可以看到"属性"面板中有很多设置和编辑声音对象的参数，如图 8-12 所示。

图 8-12 属性面板设置声音

面板中各参数的意义如下。

"声音"选项：从中可以选择要引用的声音对象，这也是引用库中声音的方法。

"效果"选项：从中可以选择一些内置的声音效果，比如让声音的淡入、淡出等效果。

"编辑声音封套"按钮 ：单击这个按钮可以进入声音的编辑对话框中，对声音进行进一步的编辑。

"同步"：这里可以选择声音和动画同步的类型，默认的类型是"事件"类型。另外，还可以设置声音重复播放的次数。

引用到时间轴上的声音，往往还需要在声音的"属性"面板中对其进行适当的属性设置，才能更好地发挥声音的效果。下面详细介绍有关声音属性设置以及对声音进一步编辑的方法。

8.3.1 设置声音事件的同步

Flash 影片中和声音相关的、最常见的任务是在动画的关键帧上开始或停止播放声音，使声音和动画保持同步。

打开"同步"菜单，这里可以设置"事件"、"开始"、"停止"和"数据流"四个同步选项，如图 8-13 所示。

"事件"选项会将声音和一个事件的发生过程同步起来，也就是把声音当做事件来触发。事件声音在它的起始关键帧开始显示时播放，并独立于时间轴播放完整的声音，即使文件停止播放，声音也会继续播放。当播放发布的 SWF 文件时，事件与声音混合在一起。

"开始"与"事件"选项的功能类似，但如果该声音正在播放，使用"开始"选项则不会播放新的声音实例。

"停止"选项将使指定的声音停止播放。

"数据流"选项将强制动画和音频流同步。与事件声音不同，音频流随着动画文件的停止而停止。而且，音频流的播放时间绝对不会比帧的播放时间长。当发布 SWF 文件时，音频流混合在一起。

通过"同步"弹出菜单还可以设置"同步"选项中的"重复"和"循环"属性。为"重复"输入一个值，以指定声音应循环的次数，或者选择"循环"以连续重复播放声音，如图 8-14 所示。

图 8-13　同步属性

图 8-14　设置重复或者循环属性

8.3.2 音效的设置

在时间轴上，选择包含声音文件的第一个帧，在"属性"面板中，从"效果"下拉列表框中选择效果选项，如图 8-15 所示。

● 无：不对声音应用效果，选择这个选项将删除以前应用的效果。

● 左声道/右声道：只在左或右声道中播放声音。

● 从左到右淡出/从右到左淡出：会将声音从一个声道切换到另一个声道。

● 淡入：会在声音的持续时间内逐渐增加其强度。

● 淡出：会在声音的持续时间内逐渐减小其强度。

● 自定义：可以通过"编辑封套"对话框创建自己的声音淡入和淡出设置。

图 8-15　声音效果设置

可以使用"属性"面板中的声音编辑控件，定义声音的起始点或控制播放的音量。虽然 Flash 处理声音的能力有限，无法与专业的声音处理软件相比，但是在 Flash 内部还是可以对声音做一些简单的编辑，实现一些常见的功能，比如控制声音的播放音量、改变声音开始播放和停止播放的位置等。

编辑声音文件的具体操作如下。

在帧中添加声音，或选择一个已添加了声音的帧，然后打开"属性"面板，单击"属性"面板中右侧的"编辑声音封套"按钮，弹出"编辑封套"对话框，如图 8-16 所示。

"编辑封套"对话框分为上下两部分，上面的是左声道编辑窗口，下面的是右声道编辑窗口，在其中可以执行以下操作：

● 要改变声音的起始和终止位置，可拖动"编辑封套"中的"声音起点控制轴"和"声音终点控制轴"，如图 8-17 所示为调整声音的起始位置。

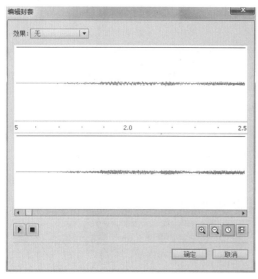

图 8-16　"编辑封套"对话框

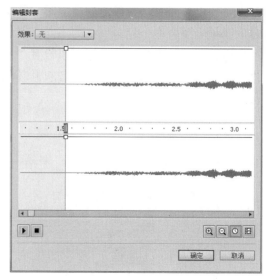

图 8-17　编辑声音的起始位置

- 在对话框中，白色的小方框成为节点，用鼠标上下拖动它们，改变音量指示线垂直位置，可以调整音量的大小，音量指示线位置越高，声音越大，用鼠标单击编辑区，在单击处会增加节点，用鼠标拖动节点到编辑区的外边。

- 单击"放大"  或"缩小"按钮 ，可以改变窗口中显示声音的范围。

- 要在秒和帧之间切换时间单位，单击"秒" 和"帧" 按钮。

- 单击"播放" ▶ 按钮 ，可以试听编辑后的声音。

8.3.3　声音的压缩

由于网络速度的限制，必须控制 Flash 动画的大小，尤其是带有声音的文件。在发布含有声音的 Flash 文档时，压缩声音可以在不影响动画效果的同时减少数据量。这些声音会以预先确定的压缩格式发布到 SWF 文件中。目前 Flash 支持的压缩格式有 ADPCM、MP3 和语音三种。在压缩时，采样率和压缩比会影响声音的质量和大小。压缩比越高，采样率越低。则文件越小且音质越差。要根据实际使用的情况和要求选择，最终达到既能满足效果的需求，也能尽量减小文件体积的目标。

在"库"面板中压缩声音的具体操作方法如下：

双击"库"面板中的声音图标 ，或者选择库中的声音文件，单击鼠标右键，从弹出的选项菜单中选择"属性"选项，打开"声音属性"对话框，如图 8-18 所示。

在"声音属性"对话框中，可以对声音进行压缩，在"压缩"下拉菜单中有"默认"、"ADPCM"、"MP3"、"Raw"和"语音"五种模式，如图 8-19 所示。

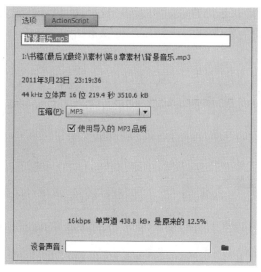

图 8-18　"声音属性"对话框

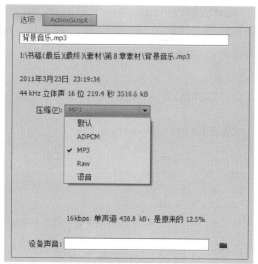

图 8-19　五种声音压缩模式

1. "默认"压缩选项

如果从"压缩"下拉列表框中选择"默认"压缩选项，表示在导出影片时使用"发布设置"对话框中默认的压缩设置，Flash 会将声音压缩为 16kbps、单声道的 MP3 格式导出。如果不在"库"里对声音进行处理，声音将以默认设置导出。

2."ADPCM"压缩选项

ADPCM(适配差分脉码调制),是一种针对16bit(也可以是8bit或者更高)声音波形数据的一种有损压缩算法,它将声音流中每次采样的16bit数据以4bit(4bit为默认值,也可以为2bit、3bit或5bit)存储,而压缩/解压缩算法非常的简单, 所以是一种低空间消耗,高质量声音获得的好途径。

选择"ADPCM"压缩选项就是设置8位或16位声音数据的压缩、当导出较短小的事件声音时,如按钮的声音,即可选择此设置,如图8-20所示。

选中"将立体声转换为单声道"复选框,可以将双声道立体声声音转换为单声道,以减小声音文件的体积。

在"采样率"下拉列表框中可以选择文件的采样率。采样率越高,声音的保真效果越好,文件也越大,低采样率可以减小声音文件的体积。各种"采样率"效果如下:

● 5kHz的采样率只能达到人们讲话的声音质量。

● 11kHz的采样率类似于调幅广播的声音质量,是播放一小段音乐的最低标准,是标准CD采样率的1/4。

● 22kHz是用于网络播放的最流行的选择,也是无线电调频广播所用的采样率,是标准CD采样率的1/2。

● 44kHz的采样率是标准的CD音质,可以达到很好的听觉效果。

在"ADPCM位"下拉列表框中,可以选择单位bit文件的存储位数,默认为4bit,还可以选择2bit、3bit、或者5bit。位数越高,声音的效果越好,文件也越大。

3."MP3"压缩选项

选择"MP3"压缩选项可以用MP3压缩格式导出声音。用于输出较长的声音,如音乐音轨等。当取消对"使用导入的MP3品质"复选框的选择后,可以重新设置MP3压缩设置,如图8-21所示。

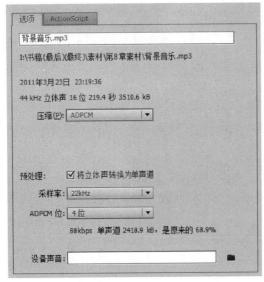

图8-20 "ADPCM"压缩选项

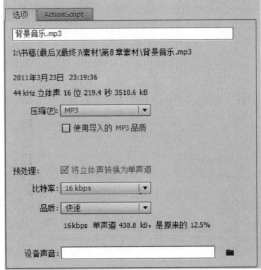

图8-21 "MP3"压缩

在"预处理"选项区中选中"将立体声转换为单声道"复选框，会将混合立体声转换为单声道。"预处理"选项只有在选择的比特率为20kbps或更高时才可用。

"比特率"下拉菜单中的选项用于决定导出的声音文件中每秒播放的位数，Flash 支持 8kbps～160kbps。当导出音乐时，比特率值越高，效果越好，同时文件体积越大。

"品质"下拉列表框中的选项可以确定压缩速度和声音质量。

- 快速：压缩速度较快，但声音品质较低。
- 中等：压缩速度较慢，但声音品质较高。
- 最佳：压缩速度最慢，但声音品质最高。

4."Raw"压缩选项

选择"Raw"压缩选项可以导出不经过压缩的声音，可以设置"预处理"复选框和"采样率"选项，具体解释与前面相同。如图 8-22 所示的对话框。

5."语音"压缩选项

"语音"压缩选项专门针对语音的特点进行压缩后导出声音，可以设置"采样率"选项，具体解释与前面相同。"语音"压缩选项不适合对音乐类文件进行压缩，如图 8-23 所示。

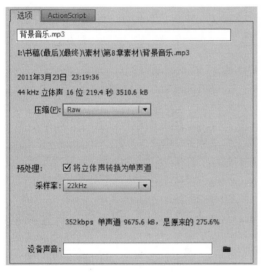
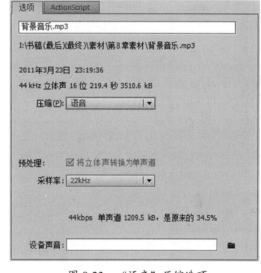

图 8-22 "Raw"   图 8-23 "语音"压缩选项

8.4 本章小结

在 Flash 动画中运用声音元素，可以使得 Flash 动画效果更佳丰富，可以对 Flash 起到很大的烘托作用。本章主要讲解了在 Flash 动画中编辑和使用声音的方法。完成本章的学习后，读者将会熟练掌握在 Flash 中为按钮、时间轴和对象加入声音的方法。

8.5 实例练习

本实例是为第 7 章的动画配音，通过简单的声音，增强动画的表现力和感染力。实例中运用本章内所学的内容，有助于巩固学习效果。

（1）执行【文件】→【导入】→【导入到库】命令，将 "源文件\第 8 章\素材"目录下的所有音频文件导入库中。

（2）单击"时间轴"面板上的"新建图层"按钮新建图层，并命名为"背景音乐"。单击第 1 帧，在"属性"面板中的"名称"右侧的下拉菜单中选择"背景音乐.mp3"，为整个动画添加背景音乐，如图 8-24 所示。

单击"属性"面板中右侧的"编辑声音封套"按钮，弹出"编辑封套"对话框。单击右下角的"帧"按钮，切换到帧单位模式。单击"缩小"按钮，适当的改变窗口中显示声音的范围，如图 8-25 所示。

拖动"编辑封套"中的"声音起点控制轴"，调整声音的起始位置到第 30 帧附近，如图 8-26 所示。

图 8-24　添加背景音乐

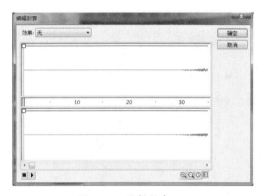

图 8-25　编辑封套

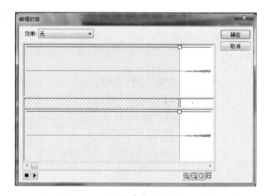

图 8-26　调整声音的起始位置

添加声音控制点，分别在左声道和右声道上拖动声音控制点，实现声音淡入效果，如图 8-27 所示。

拖动"编辑封套"中的"声音终点控制轴"，调整声音的结束位置到第 370 帧附近，与动画时间轴长度相同，如图 8-28 所示。

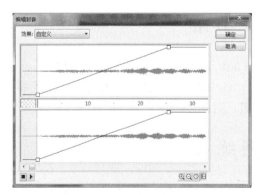

图 8-27　声音淡入效果

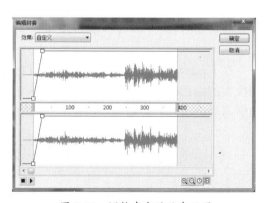

图 8-28　调整声音的结束位置

在第 190 调整帧附近添加三个声音控制点，拖动控制点，实现音量的降低，如图 8-29 所示。

在结尾处再添加一个声音控制点，实现淡出效果，如 8-30 所示。

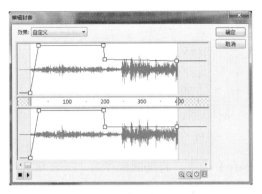 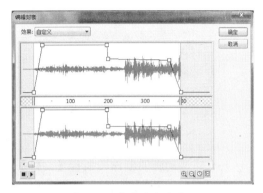

图 8-29　降低音量图　　　　　　　　　　图 8-30　声音淡出效果

单击【确定】按钮，退出"编辑封套"对话框。

(3) 单击"时间轴"面板上的"新建图层"按钮 新建图层，并命名为"蛐蛐"。在第 194 帧添加关键帧，单击第 194 帧，在"属性"面板中的"名称"右侧的下拉菜菜单中选择"蛐蛐.wav"，为黑夜场景添加音效。"同步"菜单选择"开始"选项，如图 8-31 所示。

在第 249 帧插入关键帧，在"属性"面板中的设置声音同步选项为"停止"，结束声音，如图 8-32 所示。

图 8-31　添加"蛐蛐"开始　　　　　　　图 8-32　添加"蛐蛐"停止

(4) 单击"时间轴"面板上的"新建图层"按钮 新建图层，并命名为"风声"。在第 245 帧添加关键帧，单击第 245 帧，在"属性"面板中的"名称"右侧的下拉菜单中选择"风声.wav"，为落叶添加音效，如图 8-33 所示。

在第 280 帧插入关键帧，在"属性"面板中的设置声音同步选项为"停止"，结束声音，如图 8-34 所示。

图 8-33 添加"风声"开始

图 8-34 添加"风声"停止

(5) 完成动画的制作，执行【文件】→【保存】命令，将动画保存为"第 8 章.fla"。按【Ctrl+Enter】快捷键测试动画。

第 9 章　使用图形、图像和视频

图形、图像和视频是多媒体中重要的组成部分，正是它们共同构建起了五彩缤纷的 Flash。本章讨论如何使用图形、图像和视频。

学习要点：通过本章的学习，读者要熟练掌握以下内容：

＊ 掌握图形与图像的区别。

＊ 如何在 Flash 中导入图形、图片和视频。

＊ 如何在 Flash 中设置、修改导入的图形、图片和视频。

9.1　图形和图像的使用

9.1.1　图形和图像的格式

1．图形与图像的区别

图形是矢量的概念。它的基本元素是图元，也就是图形指令；而图像是位图的概念，它的基本元素是像素。图像显示更逼真些，而图形则更加抽象，仅有点、线、面等元素。

更容易的辨别方式就是，图像在放大后会有锯齿出现，而图形不会。

2．图形文件格式及处理软件

常用的图形处理软件包括 Corel 公司的 CorelDraw，Adobe 公司的 Illustrator 和 Freehand，Autodesk 公司的三维动画制作软件 3Dmax 和计算机辅助设计软件 AutoCAD 等。

这些软件可以绘制矢量图形，以数学方式定义页面元素的处理信息，可以对矢量图形及图元独立进行移动、缩放、旋转和扭曲等变换，并可以不同的分辨率进行图形输出。

由于图形只保存算法和相关控制点即可，因此图形文件所占用的存储空间一般较小。但在进行屏幕显示时，由于需要扫描转换的计算过程，因此显示速度相对于图像来说略显得慢一些，但输出质量较好。

常用的图形文件存储格式，包括：

(1) CDR 格式：是 CorelDraw 软件专用的一种图形文件存储格式。

(2) AI 格式：是 Illustrator 软件专用的一种图形文件存储格式。

(3) DXF 格式：是 AutoCAD 软件的图形文件格式，该格式以 ASCII 方式存储图形，可以被 CorelDraw、3Dmax 等软件调用和编辑。

(4) EPS 格式：是一种通用格式，可用于矢量图形、像素图像以及文本的编码，即在一个文件中同时记录图形、图像与文字。

3. 图像文件格式及处理软件

最为常用的图像处理软件是 Adobe 公司的 Photoshop 软件，该软件广泛地应用于各领域的图像处理工作中。

图像是由一系列排列有序的像素组成的，在计算机中常用的存储格式有 BMP、TIFF、EPS、JPEG、GIF、PSD、PDF 等。

(1) BMP 格式：Windows 中的标准图像文件格式，它以独立于设备的方法描述位图，各种常用的图形图像软件都可以对该格式的图像文件进行编辑和处理；

(2) TIFF 格式：是常用的位图图像格式，TIFF 位图可具有任何大小的尺寸和分辨率，用于打印、印刷输出的图像建议存储为该格式；

(3) JPEG 格式：一种高效的压缩格式，可对图像进行大幅度的压缩，最大限度地节约网络资源，提高传输速度，因此用于网络传输的图像，一般存储为该格式。

(4) GIF 格式：该格式可在各种图像处理软件中通用，是经过压缩的文件格式，因此一般占用空间较小，适合于网络传输，一般常用于存储动画效果图片。

(5) PSD 格式：该格式是 Photoshop 软件中使用的一种标准图像文件格式，可以保留图像的图层信息、通道蒙版信息等，便于后续修改和特效制作。一般在 Photoshop 中制作和处理的图像建议存储为该格式，以最大限度地保存数据信息，待制作完成后再转换成其他图像文件格式，进行后续的排版、拼版和输出工作。

(6) PDF 格式：又称可移植(或可携带)文件格式，具有跨平台的特性，并包括对专业的制版和印刷生产有效的控制信息，可以作为印前领域通用的文件格式。

9.1.2　图形和图像的导入

1. Flash CS6 可以导入的图形和图像格式

Flash CS6 可以使用在其他应用程序中创建的插图。可以导入各种文件格式的矢量图形和位图。如果系统安装了 QuickTime，可以导入更多的矢量或位图文件格式。对于同属于 Adobe 旗下的 FreeHand 文件和 Fireworks PNG 文件，则可以直接导入到 Flash 中，并且保留这些格式的属性。

Flash 可以导入不同的矢量或位图文件格式，具体取决于系统是否安装了 QuickTime 。在未安装 QuickTime 的情况下，Flash CS6 能导入的文件格式见表 9-1。

表 9-1　在未安装 QuickTime 的情况下，Flash CS6 能导入的文件格式

文件类型	扩展名	文件类型	扩展名
Adobe Illustrator	.ai	FutureSplash Player	.spl
Adobe Photoshop	.psd	GIF 和 GIF 动画	.gif
AutoCAD® DXF	.dxf	JPEG	.jpg
位图	.bmp	PNG	.png
增强的 Windows 元文件	.emf	Flash Player 6/7	.swf
FreeHand	.fh7、.fh8、.fh9、.fh10、.fh11	Windows 元文件	.wmf

只有在安装 QuickTime 的情况下，Flash CS6 才能导入的文件格式见表 9-2。

表 9-2   在安装 QuickTime 的情况下，Flash CS6 才能导入的文件格式

文件类型	扩展名	备注
MacPaint	.pntg	
PICT	.pct、.pic	Windows 中作为位图导入
QuickTime 图像	.qtif	
Silicon Graphics 图像	.sgi	
TGA	.tga	
TIFF	.tif	

需要注意：导入到 Flash 中的图形文件的大小不能小于 2×2 像素。而直接导入到 Flash 文档中的任何图像序列(多幅有关联的图像组合)都是作为当前图层的连续关键帧导入的。

2．在 Flash 中导入插图

Flash 可将各种文件格式的插图直接导入到舞台或库。

(1) 如图 9-1 所示，将文件导入到 Flash 中可以执行下列操作之一：

① 要将文件直接导入到当前 Flash 文档中，请执行【文件】→【导入】→【导入到舞台】命令。

② 要将文件导入到当前 Flash 文档的库中，请执行【文件】→【导入】→【导入到库】命令(若要使用文档中的库项目，直接将它拖到舞台上即可)。

图 9-1   导入文件

(2) 如图 9-2 所示，定位到所需的文件，然后选择它。如果导入的文件具有多个图层，则 Flash 可能会创建新图层(取决于导入文件的类型)。任何新图层都显示在时间轴上。

单击【打开】，所需要的图片就会进入到舞台中。

(3) 如图 9-3 如果所导入的文件名以数字结尾，并且在同一文件夹中还有其他按顺序编号的文件，会弹出如图 9-4 所示的提示框：

若要导入所有的连续文件，请单击【是】。

若要只导入指定的文件，请单击"否"。

下面是可以用作序列的文件名的示例：

Test001.gif、Test 002.gif、Test 003.gif

Test 1.jpg、Test 2.jpg、Test 3.jpg

Test -001.ai、Test -002.ai、Test -003.ai

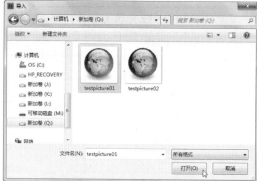

图 9-2 打开要导入的图片   图 9-3 导入连续文件

图 9-4 选择是否导入连续文件

(4) 将其他应用程序中的位图可以直接粘贴到当前 Flash 文档中，先复制其他应用程序中的图像。然后在 Flash 中，如图 9-5 所示，执行【编辑】→【粘贴到中心位置】命令或者按【Ctrl+V】快捷键粘贴到舞台上。

类似于复制、拖放这类的方法虽然非常方便、快捷，但在个别软件中会出现数据丢失的现象。例如，通过复制和粘贴从 Fireworks 导入 PNG 文件，该文件将转换为位图。通过拖放操作将位图从应用程序或桌面导入 Flash 时，将不能保留位图透明度。

所以，当需要导入文件同原文件尽可能一致时，请执行【文件】→【导入】→【导入到舞台】命令或【导入到库】命令进行导入。但毕竟是不同的软件，甚至是不同公司推出的软件，他们之间的转换并不是无损的。例如，同属于 Adobe 公司的 Fireworks PNG 文件，Flash 支持 Fireworks 的混合模式有正常、变暗、色彩增殖、变亮、滤色、叠加、强光、加色、差异、反色、Alpha、擦除。不支持的混合模式有平均、取反、排除、柔光、减色、模糊光、颜色减淡和颜色加深。

9.1.3 处理导入的位图

将位图导入 Flash 时，该位图可以修改，并可用各种方式在 Flash 文档中使用它。

在舞台上选择位图后，如图 9-6 所示，"属性"检查器会显示该位图的实例名称、像素尺寸以及在舞台上的位置。使用属性检查器，可以交换位图实例——即用当前文档中的其他位图的实例替换该实例。

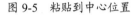

编辑(E)	视图(V)	插入(I)	修改(M)	文本(T)

撤消(U) 删除   Ctrl+Z

重做(R) 导入   Ctrl+Y

剪切(T)   Ctrl+X

复制(C)   Ctrl+C

粘贴到中心位置(J)   Ctrl+V

粘贴到当前位置(P)   Ctrl+Shift+V

图 9-5 粘贴到中心位置   图 9-6 位图属性

如果属性检查器在软件中不显示，可以执行【窗口】→【属性】命令。

如果想用一个位图的实例替换另一个位图的实例，在舞台上选择一个位图实例，然后如图 9-6 所示单击"交换"，选择一个位图以替换当前分配给该实例的位图。

1. 设置位图属性

可以对导入的位图应用消除锯齿功能，平滑图像的边缘。 也可以选择压缩选项以减小位图文件的大小，以及格式化文件以便在 Web 上显示。

(1) 如图 9-7 所示，在"库"面板中选择一个位图，然后如图 9-8 所示，单击"库"面板底部的"属性"按钮。

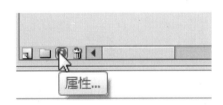

图 9-7 库面板   图 9-8 选择属性

(2) 如图 9-9 所示，在"位图属性"对话框中，选择"允许平滑"。平滑可用于在缩放位图图像时提高图像的品质。

(3) 为"压缩"选择以下一个选项：

① 照片(JPEG)。以 JPEG 格式压缩图像。 若要使用为导入图像指定的默认压缩品质，请选择"使用文档默认品质"。若要指定新的品质压缩设置，请取消选择"使用文档默认品质"，并在"品质"文本字段中输入一个 1～100 之间的值(设置的值越高，保留的图像就越完整，但产生的文件也会越大)。

② 无损(PNG/GIF)。使用无损压缩格式压缩图像，这样不会丢失图像中的任何数据。

注：对于具有复杂颜色或色调变化的图像，例如具有渐变填充的照片或图像，请使用"照片"压缩格式。对于具有简单形状和相对较少颜色的图像，请使用无损压缩。

图 9-9　位图属性

(4) 若要确定文件压缩的结果，请单击"测试"。 若要确定选择的压缩设置是否可以接受，请将原始文件大小与压缩后的文件大小进行比较。单击【确定】。

2. 将位图应用为填充

若要将位图作为填充应用到图形对象，请使用"颜色"面板。将位图应用为填充时，会平铺该位图，以填充对象。"渐变变形"工具使您可以缩放、旋转或倾斜图像及其位图填充。

(1) 如图 9-10 所示，在舞台中绘制一个蓝色的矩形。

(2) 执行【窗口】→【颜色】命令。如图 9-11 所示，弹出"颜色"面板，从面板右上角的弹出菜单中选择"位图"。

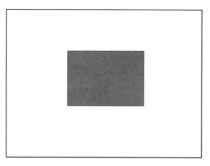

图 9-10　蓝色矩形

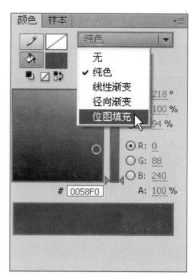

图 9-11　颜色面板

(3) 如图 9-12 所示，单击一个位图，选择它。

(4) 该位图成为当前的填充颜色。选择颜料桶工具 ◇，如图 9-13 所示，将位图填充到矩形中。

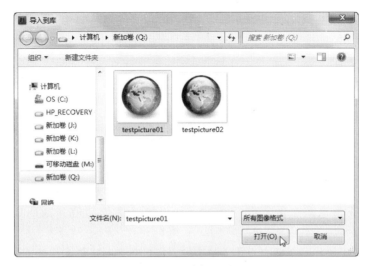

图 9-12　选择位图

3．分离位图或将位图转换为矢量图形

当希望对导入的位图局部或者整体进行修改时，需要对其进行分离或转为矢量图的操作。

（1）分离位图。分离舞台上的位图时会将舞台上的图像与其库项目分离，并将其从位图实例转换为形状。分离位图时，可以使用 Flash 绘画和涂色工具修改位图。

分离的具体步骤是：选择当前场景中的位图。执行【修改】→【分离】命令。分离后的位图如图 9-14 所示。

图 9-13　填充后的矩形

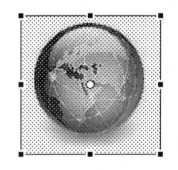

图 9-14　分离后的位图

（2）将位图转换为矢量图形。"转换位图为矢量图"命令将位图转换为具有可编辑的离散颜色区域的矢量图形。将图像作为矢量图形处理，便可以减小文件大小。将位图转换为矢量图形时，矢量图形不再链接到"库"面板中的位图元件。如果导入的位图包含复杂的形状和许多颜色，则转换后的矢量图形的文件比原始的位图文件大。若要找到文件大小和图像品质之间的平衡点，请尝试"转换位图为矢量图"对话框中的各种设置。

① 选择当前场景中的位图，执行【修改】→【位图】→【转换位图为矢量图】命令。

② 如图 9-15 所示，在弹出的"转换位图为矢量图"设置相应的参数。

图 9-15　转换位图为矢量图

● 颜色阈值：当两个像素进行比较后，如果它们在 RGB 颜色值上的差异低于该颜色阈值，则认为这两个像素颜色相同。如果增大了该阈值，则意味着降低了颜色的数量。

● 最小区域：输入一个值来设置为某个像素指定颜色时需要考虑的周围像素的数量。

● 曲线拟合：选择一个选项来确定绘制轮廓所用的平滑程度。

● 转角阈值：选择一个选项来确定保留锐边还是进行平滑处理。

若要创建最接近原始位图的矢量图形，请按照如图 9-15 所示输入数值。

9.2　视频的使用

Flash CS6 可以将视频镜头融入基于 Web 的演示文稿。FLV 和 F4V (H.264) 视频格式具备技术和创意优势，允许您将视频、数据、图形、声音和交互式控制融为一体。FLV 或 F4V 视频使您可以轻松地将视频以几乎任何人都可以查看的格式放在网页上。

9.2.1　视频的格式

常见的视频格式有以下几种。

1. MPEG/MPG/DAT

MPEG 是 Motion Picture Experts Group 的缩写。这类格式包括了 MPEG-1、MPEG-2 和 MPEG-4 在内的多种视频格式。MPEG-1 目前正在被广泛地应用在 VCD 的制作和一些视频片段下载的网络应用上面，大部分的 VCD 都是用 MPEG1 格式压缩的（刻录软件自动将 MPEG1 转为 .DAT 格式)，使用 MPEG-1 的压缩算法，可以把一部 120min 长的电影压缩到 1.2 GB 左右大小。MPEG-2 则是应用在 DVD 的制作，同时在一些 HDTV(高清晰电视广播)和一些高要求视频编辑、处理上面也有相当多的应用。使用 MPEG-2 的压缩算法压缩一部 120min 长的电影可以压缩到 5~8GB 的大小(MPEG2 的图像质量是 MPEG-1 无法比拟的)。

2. AVI

AVI 是音频视频交错(Audio Video Interleaved)的英文缩写。AVI 由微软公司发布的视频格式，在视频领域是最悠久的格式之一。AVI 格式调用方便、图像质量好、压缩标准可任意选择，是应用最广泛的格式。

3．MOV

QuickTime 原本是 Apple 公司用于 Mac 计算机上的一种图像视频处理软件。QuickTime 提供了两种标准图像和数字视频格式，即可以支持静态的*.PIC 和*.JPG 图像格式，动态的基于 Indeo 压缩法的*.MOV 和基于 MPEG 压缩法的*.MPG 视频格式。

4．ASF

ASF(Advanced Streaming format 高级流格式)是 Microsoft 为了和 Real player 竞争而发展出来的一种可以直接在网上观看视频节目的文件压缩格式。ASF 使用了 MPEG4 的压缩算法，压缩率和图像的质量都很不错。因为 ASF 是以一个可以在网上及时观赏的视频"流"格式存在的，所以它的图像质量比 VCD 差一点，但比同是视频"流"格式的 RAM 格式要好。

5．WMV

一种独立于编码方式的在 Internet 上实时传播多媒体的技术标准，Microsoft 公司希望用其取代 QuickTime 之类的技术标准以及 WAV、AVI 之类的文件扩展名。WMV 的主要优点在于：可扩充的媒体类型、本地或网络回放、可伸缩的媒体类型、流的优先级化、多语言支持、扩展性等。

6．NAVI

NAVI 是 New AVI 的缩写，是名为 Shadow Realm 的地下组织发展起来的一种新视频格式。它是由 Microsoft ASF 压缩算法的修改而来的(并不是想象中的 AVI)，视频格式追求的无非是压缩率和图像质量，所以 NAVI 为了追求这个目标，改善了原始的 ASF 格式的一些不足，让 NAVI 可以拥有更高的帧率。NAVI 是一种去掉视频流特性的改良型ASF 格式。

7．3GP

3GP 是一种 3G 流媒体的视频编码格式，主要是为了配合 3G 网络的高传输速度而开发的，也是目前手机中最为常见的一种视频格式。

该格式是"第三代合作伙伴项目"(3GPP)制定的一种多媒体标准，使用户能使用手机享受高质量的视频、音频等多媒体内容。其核心由包括高级音频编码(AAC)、自适应多速率 (AMR)、MPEG-4 和 H.263 视频编码解码器等组成，目前大部分支持视频拍摄的手机都支持 3GPP 格式的视频播放。

8．REAL VIDEO

REAL VIDEO (RA、RAM)格式由一开始就是定位在视频流应用方面的，也可以说是视频流技术的始创者。它可以在用 56K Modem 拨号上网的条件实现不间断的视频播放，其图像质量比 MPEG2、DIVX 差。毕竟要实现在网上传输连续的视频是需要很大的频宽，这方面是 ASF 的有力竞争者。

9．MKV

一种后缀为 MKV 的视频文件频频出现在网络上，它可在一个文件中集成多条不同类型的音轨和字幕轨，而且其视频编码的自由度也非常大，可以是常见的 DivX、XviD、3IVX，甚至可以是 RealVideo、QuickTime、WMV 这类流式视频。实际上，它是一种全称为 Matroska 的新型多媒体封装格式，这种先进的、开放的封装格式已经给我们展示出非常好的应用前景。

10．FLV

FLV 是 Flash Video 的简称，FLV 流媒体格式是一种新的视频格式。由于它形成的文件极小、加载速度极快，使得网络观看视频文件成为可能。它的出现有效地解决了视频文件导入 Flash 后，使导出的 SWF 文件体积庞大，不能在网络上很好的使用等缺点。

9.2.2　视频的导入

1．用回放组件加载外部视频

使用该方法导入视频文件时，FLV 或 F4V 文件都是自包含文件，它的运行帧频与该 SWF 文件中包含的所有其他时间轴帧频可以不同，而且支持较大的视频文件，是最为普遍的视频导入方式。

(1) 如图 9-16 所示，执行【文件】→【导入】→【导入视频】命令，将视频剪辑导入到当前的 Flash 文档中。

(2) 如图 9-17 所示，选择要导入的视频剪辑。可以选择位于本地计算机上的视频剪辑，也可以输入已上载到 Web 服务器或 Flash Media Server 的视频的 URL。

图 9-16　导入视频

● 若要导入本地计算机上的视频，如图 9-18 所示，选择"用回放组件加载外部视频"。

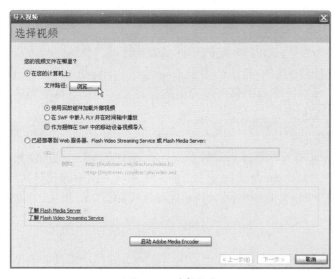

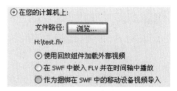

图 9-17　选择视频　　　　　　图 9-18　本地视频

● 若要导入已部署到 Web 服务器、Flash Media Server 或 FVSS 的视频，请选择"已经部署到 Web 服务器、Flash Video Streaming Service 或 Stream From Flash Media

Server",然后输入视频剪辑的 URL。

注:位于 Web 服务器上的视频剪辑的 URL 将使用 HTTP 通信协议。位于 Flash Media Server 或 Flash Streaming Service 上的视频剪辑的 URL 将使用 RTMP 通信协议。

(3) 如图 9-19 所示,可以选择视频剪辑的外观。

● FLVPlayback 组件的外观可以选择:"无",即不设置 FLVPlayback 组件的外观;或是选择一个预定义的 FLVPlayback 组件外观。Flash 会将外观文件复制到 FLA 文件所在的文件夹。

图 9-19　外观

● 也可以不用软件自带的外观,输入 Web 服务器上的外观的 URL,选择自己设计的自定义外观。当然了,Web 服务器上的资源如果不稳定,不建议使用该选项。

● 在外观选择框右侧,还有一个颜色选择框，通过它,还可以设置视频外观的颜色。

(4) 如图 9-20 所示,单击【完成】按钮,视频导入向导会在舞台上创建如图 9-21 所示的 FLVPlayback 视频组件,可以使用该组件在本地测试视频回放。

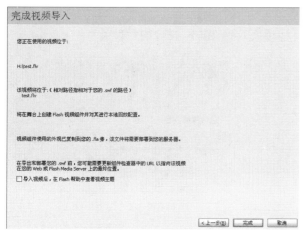

图 9-20　完成视频导入

图 9-21　FLVPlayback 组件

创建完 Flash 文档后，如果要部署 SWF 文件和视频剪辑，将以下资源上载到承载视频的 Web 服务器或 Flash Media Server：

● 源视频文件：Flash 使用相对路径(相对于 SWF 文件)来指示 FLV 或 F4V 文件的位置，这可在本地使用与服务器上相同的目录结构。如果视频此前已部署到承载视频的 FMS 或 FVSS 上，则可以跳过这一步。

● 视频外观文件(如果选择使用外观的话)：位置在 FLA 文件所在的文件夹。

2. 在 SWF 文件中嵌入视频

将持续时间较短的小视频文件直接嵌入到 Flash 文档中，将其作为 SWF 文件的一部分发布。视频被放置在时间轴中，可以在此查看在时间轴帧中表示的单独视频帧。不过，也正是由于这个原因，这种导入方式对视频源有一定要求，其局限如下：

不支持较长的视频文件(长度超过 10s)通常在视频剪辑的视频和音频部分之间存在同步问题。 一段时间以后，音频轨道的播放与视频的播放之间开始出现差异，导致不能达到预期的收看效果。

若要播放嵌入在 SWF 文件中的视频，必须先下载整个视频文件，然后再开始播放该视频。 如果嵌入的视频文件过大，则可能需要很长时间才能下载完整个 SWF 文件，然后才能开始回放。

导入视频剪辑后，便无法对其进行编辑。必须重新编辑和导入视频文件。

在通过 Web 发布您的 SWF 文件时，必须将整个视频都下载到观看者的计算机上，然后才能开始视频播放。

在运行时，整个视频必须放入播放计算机的本地内存中。

导入的视频文件的长度不能超过 16000 帧。

视频帧速率必须与 Flash 时间轴帧速率相同。设置 Flash 文件的帧速率以匹配嵌入视频的帧速率。

将视频嵌入到 SWF 文件：

(1) 如图 9-16 所示，执行【文件】→【导入】→【导入视频】命令，将视频剪辑导入到当前的 Flash 文档中。

(2) 如图 9-22 所示，先选择本地计算机上要导入的视频剪辑。然后选择"在 SWF 中嵌入 FLV 并在时间轴上播放"。最后单击【下一步】。

(3) 如图 9-23 所示，选择用于将视频嵌入到 SWF 文件的元件类型。

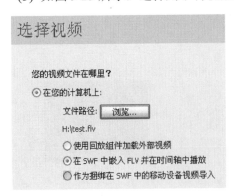

图 9-22　选择视频

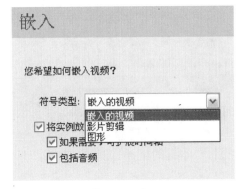

图 9-23　嵌入

● 嵌入的视频：如果要使用在时间轴上线性播放的视频剪辑，那么最合适的方法就是将该视频导入到时间轴。

● 影片剪辑：良好的习惯是将视频置于影片剪辑实例中，获得对内容的最大控制。视频的时间轴独立于主时间轴进行播放。不必为容纳该视频而将主时间轴扩展很多帧，这样做会导致难以使用 FLA 文件。

● 图形：将视频剪辑嵌入为图形元件时，无法使用 ActionScript 与该视频进行交互。通常，图形元件用于静态图像以及用于创建一些绑定到主时间轴的可重用的动画片段。

选好符号类型后，单击【下一步】。

(4) 如图 9-24 所示，在"完成视频导入"中，单击"完成"。视频剪辑会直接导入到舞台中，默认情况下，如图 9-25 所示，Flash 会扩展时间轴，以适应要嵌入的视频剪辑的回放长度。

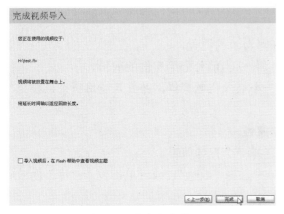

图 9-24　完成视频导入

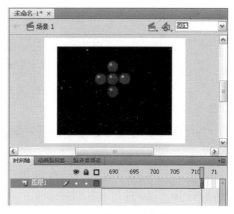

图 9-25　导入后的视频

9.2.3　设置视频文件属性

如图 9-26 所示，利用属性检查器，可以更改舞台上嵌入的视频剪辑实例的属性，为实例分配一个实例名称，并更改此实例在舞台上的宽度、高度和位置。还可以交换视频剪辑的实例，即为视频剪辑实例分配一个不同的元件。为实例分配不同的元件会在舞台上显示不同的实例，但是不会改变所有其他的实例属性(例如尺寸和注册点)。

图 9-26　属性检查器

1．"视频属性"对话框中，可执行以下操作：

(1) 查看有关导入的视频剪辑的信息，包括它的名称、路径、创建日期、像素尺寸、长度和文件大小。

(2) 更改视频剪辑名称。

(3) 更新视频剪辑(如果在外部编辑器中修改视频剪辑)。

(4) 导入 FLV 或 F4V 文件以替换选定的剪辑。

(5) 将视频剪辑导出为 FLV 或 F4V 文件。

2．在属性检查器中更改视频实例属性

(1) 在舞台上选择嵌入视频剪辑或链接视频剪辑的实例。

(2) 执行【窗口】→【属性】命令，然后执行下列任一操作：

● 在"属性"检查器左侧的"名称"文本字段中，输入实例名称。

● 输入 W 和 H 值以更改视频实例的尺寸。

● 输入 X 和 Y 值以更改实例左上角在舞台上的位置。

● 单击"交换"。 选择一个视频剪辑以替换当前分配给实例的剪辑。

注：只能用一个嵌入视频剪辑交换另一个嵌入视频剪辑，并且只能用一个链接视频剪辑交换另一个链接视频剪辑。

3．在视频属性对话框中查看视频剪辑属性

(1) 如图 9-27 所示，在"库"面板中选择一个视频剪辑。

(2) 如图 9-28 所示，在"库面板"菜单中选择"属性"，或者单击位于"库"面板底部的"属性"按钮。

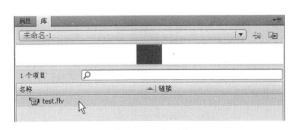

图 9-27 库面板

图 9-28 属性

(3) 如图 9-29 所示，在弹出的"视频属性"对话框，可以执行下列操作：

● 若要分配新名称，请在"元件"文本字段中输入名称。

● 若要更新视频，单击【更新】。

● 若要使用 FLV 或 F4V 文件替换视频，请单击【导入】，导航到替换当前剪辑的 FLV 或 F4V 文件，然后单击【打开】。

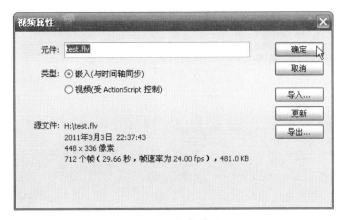

图 9-29　视频属性

9.3　本章小结

由于 Flash 不可能完成所有的事情，获取外部数据的支持就不可避免。本章实质就是讲如何获取外部的图形、图像和视频。这样一来，让最适合的软件做最适合的工作，就可以让资源得到充分合理的应用。

在现实中经常是这样的，用 Photoshop 等软件制作出丰富多彩的图片和视频，然后将其导入到 Flash 中。最终的目的就是完成一部优秀的作品。

9.4　实例练习

(1) 执行【文件】→【导入】→【导入到舞台】命令，导入图片"电视.psd"。然后按【F8】，如图 9-30 所示，将导入的图片存为图形元件，命名为"电视"。

图 9-30　存为元件

(2) 如图 9-31 所示，从工具栏中旋转"任意变形工具"对"电视"元件进行缩放。

(3) 按照上述做法，新建一图层，命名为"背景墙"，导入"背景墙"图片，如图 9-32 所示，存为图形元件"背景墙"。调整后舞台的显示效果如图 9-33 所示。

(4) 新建一图层，命名为"电视屏幕"。用"矩形工具"绘制一个电视屏幕，然后执行【窗口】→【颜色】命令，调出颜色对话框，如图 9-34 所示，设置类型为"线性渐变"，左侧色标的 RGB 值为(0，0，0)，右侧色标为(128，128，128)，然后用"颜料筒工具"填充矩形，填充后的电视屏幕如图 9-35 所示。

图 9-31 任意变形工具

图 9-32 背景墙

图 9-33 电视与背景墙

图 9-34 设置电视屏幕颜色

图 9-35 电视屏幕

注：为什么要单独画一个电视屏幕呢？这是因为视频的显示过程会略慢于图片，如果不设置电视屏幕，会出现穿帮镜头，也就是在动画刚开始播放时看到电视后面的背景墙。

（5）按照如图 9-36 所示的效果，适当调整导入图片的大小和位置，并将图层由上到下调整为"电视"、"电视屏幕"、"背景墙"。

（6）在"电视"图层和"电视屏幕"图层之间新建一图层，命名为"视频"。

执行【文件】→【导入】→【导入视频】命令，导入视频文件"醉酒驾驶.f4v"。 导入方式选择"用回放组件加载外部视频"，外观如图 9-37 所示，选择"无"。

图 9-36　导入图片后的舞台　　　　　　　　　图 9-37　外观为"无"

（7）视频导入舞台后，如图 9-38 所示，调整其大小和位置，使得视频正好位于电视中。

（8）按【Ctrl+Enter】快捷键测试影片效果，最终完成的影片如图 9-39 所示。

图 9-38　调整大小和位置　　　　　　　　　图 9-39　完成影片

第 10 章 ActionScript 脚本动画基础

ActionScript 是 Flash 内置的编程语言，用它为动画编程，可以实现各种动画特效、对影片的良好控制、强大的人机交互以及与网络服务器的交互功能。

学习要点：

通过本章的学习，读者要熟练掌握以下内容。

* 了解 ActionScript 2.0 与 3.0 的区别。
* 理解 ActionScript 的事件。
* 掌握 ActionScript 的语法。
* 了解面向对象的基本概念。
* 能够使用 ActionScript 2.0 或 3.0 对动画进行简单的控制。

10.1 ActionScript 简介

ActionScript (简称 AS)是用来编写 Flash 动画和应用程序的编程语言。其遵从 ECMA(European Computer Manufacturers Association 欧洲计算机工业协会)制定的标准，所以 ActionScript 与另一个遵循 ECMA 标准的语言 JavaScript 极其相似。

如图 10-1 所示，Flash CS6 可以支持两个版本的 ActionScript 。其中，AS 2.0 在目前来说应用比较普遍，兼容性较好；AS 3.0 更为成熟，在面向对象方面支持的更好，其速度要比之前的 AS 2.0 快。AS 3.0 与 AS 2.0 相对比，虽然有些东西类似，但就像是重写的一种新语言一样。

图 10-1 新建 Flash 文件

10.1.1 ActionScript 的发展

1998 年 5 月 31 日 Macromedia 推出了 Flash 3.0 获得成功，ActionScript 开始出现，当时还非常简陋，功能仅仅局限于控制动画的播放等动作只用来控制帧的播放、跳转和停止。

1999 年 6 月 15 日 Macromedia 推出了 Flash 4.0，ActionScript 功能进一步完美，基本实现了应对各种事件、控制动画行为和后台交换数据的功能。编程风格仍停留在面向过程的阶段，但已向面向对象的概念靠拢。

2000 年 8 月 24 日 Macromedia 推出了 Flash 5.0，ActionScript 的语法已经开始定位为发

展成一种较完整的面向对象的语言，并且遵循 ECMAScript 的标准(就像 JavaScript)，提供了自定义函数以及新增了数学函数、颜色、声音、XML 等对象支持——一般称为 AS 1.0。

2002 年 3 月 15 日 Macromedia 推出了 Flash MX，也就是 6.0，在 AS 方面延续了 Flash 5.0 的传统。

2003 年 8 月 25 日 Macromedia 推出了 Flash MX 2004，俗称 7.0，AS 2.0 正式出现，在功能和编程上有了进一步的提升。虽然 AS 2.0 从形式上做了很大的改进，但从本质上来看，它与 AS 1.0 差别不大，效率上并没有多少提升。

2005 年 10 月 Macromedia 推出了 Flash 8.0，改进了动作脚本面板。

2005 年 Adobe 并购 Macromedia，不久推出了 Adobe Flash CS3。

2006 年 6 月 29 日 Flex Builder 2.0 正式版：可以理解为面向程序员的 Flash，用于创建 Web 富客户端应用。

2006 年 7 月 1 日 AS 3.0 预览版发布，AS 3.0 使用新的虚似机来运行，虚拟机称为 AVM2，早期版本的 AS 2.0 的虚拟机则称为 AVM 1。在新的 AVM 2 中，采用了一些新的机制，使得 AS 3.0 的效率比 AS 2.0 快 10 倍。这时的 AS 3.0 可以说是另起炉灶，虽然还有 AS 2.0 的影子，但 AS 2.0 的很多代码在 AS 3.0 里被淘汰了。这时的 ActionScript 已经真正转变为完全的面向对象语言。

10.1.2 ActionScript 的功能

Flash 影片可以包含若干场景，每个场景都有时间轴，每条时间轴从第 1 帧开始。如果不添加 ActionScript，Flash 影片会自动从场景 1 的第 1 帧开始播放，直到场景 1 的最后一帧，然后接着播放场景 2，以此类推。

ActionScript 则可以改变这种自动而死板的线性播放行为，一段脚本可以使影片在一个特定的帧上停止，循环播放前面的部分，甚至于让用户控制要播放哪一帧。ActionScript 能够使影片完全脱离被动的线性播放模式。

这还不是 ActionScript 的所有功能，它还可以将 Flash 影片从简单的动画改变为具有交互能力的电脑程序。下面介绍 ActionScript 能实现的一些基本功能。

1．控制播放顺序

可以通过选择某个菜单将影片暂停在某个位置，然后由用户来决定下一步干什么，这就避免让影片径直朝前播放。

2．创建复杂动画

直接使用 Flash 中的绘图工具和基本命令来创建足够复杂的动画是相当困难的，但是脚本可以帮助创建复杂的动画。例如可以用 ActionScript 控制一个球在屏幕中无休止的跳动，并且可以使它的动作遵从物理学中的重力定律。如果不用 ActionScript 来实现这样的动画，将需要几千帧来模仿相似的动作，而用 ActionScript，将只需要一帧。

3．响应用户输入

可以通过影片向用户提出问题并接收答案，然后将答案信息用于影片中或将其传送到服务器。加入了相应 ActionScript 的 Flash 影片更适合做网页中的表单。

4．从服务器获取数据

与向服务器传送数据相反，使用 ActionScript 也可以从服务器中获取数据，可以获取即时的信息并将它提供给用户。

5．计算

ActionScript 也可以对数值进行计算，用它可以模拟出各种复杂的计算器。

6．调整图像

ActionScript 可以在影片播放时改变图像的大小、角度、旋转方向以及影片剪辑元件的颜色等。还可以从屏幕中复制或删除对象。

7．测试环境

可以用 ActionScript 测试 Flash 影片的播放环境，如获取系统时间，获取 Flash Player 的版本信息等。

8．控制声音和影片

ActionScript 可以方便地控制声音和影片的播放，甚至控制声音的声道平衡和音量等。

10.1.3　Flash 中的动作面板

1．显示动作面板

在 Flash CS6 中，动作面板可能并不是默认显示的，可以如图 10-2 所示，执行【窗口】→【动作】命令，或者按【F9】键打开"动作面板"。

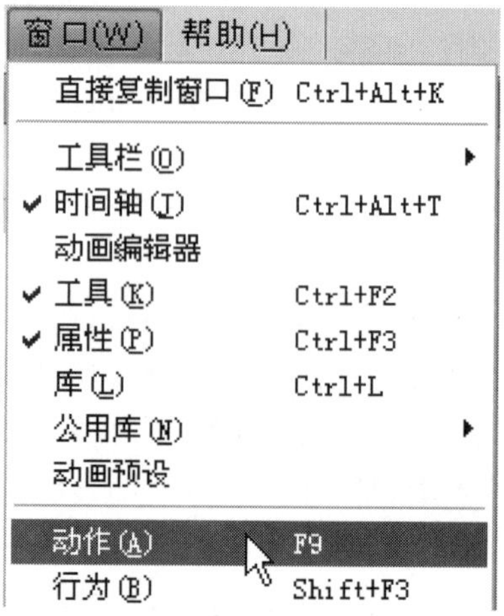

图 10-2　打开动作面板

2．熟悉动作面板

在 Flash 中，AS 的编写都是在"动作面板"的编辑环境中进行。如图 10-3 所示，"动作面板"的编辑环境由左右两部分组成。左侧部分又分为上下两个窗口。

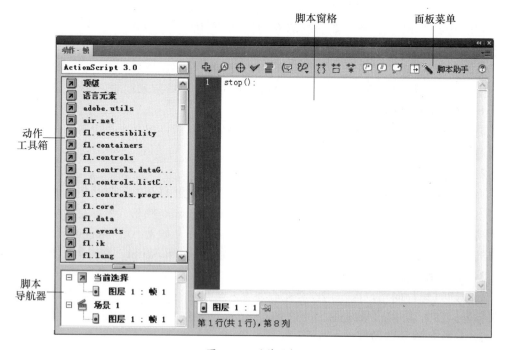

图 10-3　动作面板

左侧的上方是一个"动作工具箱"，单击前面的图标展开每一个条目，可以显示出对应条目下的动作脚本语句元素，双击选中的语句即可将其添加到编辑窗口。

下方是一个"脚本"导航器。里面列出了 Flash 文件中具有关联动作脚本的帧位置和对象；单击脚本导航器中的某一项目，与该项目相关联的脚本则会出现在"脚本"窗口中，并且场景上的播放头也将移到时间轴上的对应位置上。双击脚本导航器中的某一项，则该脚本会被固定。

右侧部分是"脚本"编辑窗口，是添加代码的区域。可以直接在"脚本"窗口中编辑动作、输入动作参数或删除动作。也可以双击"动作"工具箱中的某一项或"脚本编辑"窗口上方的"添加脚本"工具 ，向"脚本"窗口添加动作。

如图 10-4 所示，在"脚本"编辑窗口的上面，是"动作面板工具栏"，上面有一排工具图标，在编辑脚本的时候，可以方便适时的使用它们的功能。

图 10-4　动作面板工具栏

3．动作面板工具栏

(1) 将新项目添加到脚本中：显示语言元素，这些元素也显示在"动作"工具箱中。选择要添加到脚本中的项目。

(2) 查找：查找并替换脚本中的文本。

(3) 插入目标路径：为脚本中的某个动作设置绝对或相对目标路径。

(4) 语法检查：检查当前脚本中的语法错误。语法错误列在输出面板中。

(5) 自动套用格式：设置脚本的格式以实现正确的编码语法和更好的可读性。在"首选参数"对话框中设置自动套用格式首选参数，从"编辑"菜单或通过"动作面板"菜单可访问此对话框。

(6) 显示代码提示：如果已经关闭了自动代码提示，可使用"显示代码提示"来显示正在处理的代码行的代码提示。

(7) 调试选项：设置和删除断点，以便在调试时可以逐行执行脚本中的每一行。只能对 ActionScript 文件使用调试选项，而不能对 ActionScript Communication 或 Flash JavaScript 文件使用这些选项。

(8) 折叠成对大括号：对出现在当前包含插入点的成对大括号或小括号间的代码进行折叠。

(9) 折叠所选：折叠当前所选的代码块。

(10) 展开全部：展开当前脚本中所有折叠的代码。

(11) 应用块注释：将注释标记添加到所选代码块的开头和结尾。

(12) 应用行注释：在插入点处或所选多行代码中每一行的开头处添加单行注释标记。

(13) 删除注释：从当前行或当前选择内容的所有行中删除注释标记。

(14) 显示/隐藏工具箱：显示或隐藏"动作"工具箱。

(15) 脚本助手：在"脚本助手"模式中，将显示一个用户界面，用于输入创建脚本所需的元素。

(16) 帮助：显示"脚本"窗格中所选 ActionScript 元素的参考信息。例如，如果单击 import 语句，再单击"帮助"，"帮助"面板中将显示 import 的参考信息。

(17) 面板菜单(仅限动作面板)：包含适用于动作面板的命令和首选参数。例如，可以设置行号和自动换行，访问 ActionScript 首选参数以及导入或导出脚本。

4．隐藏或展开左边的窗口

在使用"动作"面板的时候，可以随时单击"脚本"编辑窗口左侧的箭头按钮，以隐藏或展开左边的窗口。如图 10-5 所示，隐藏后的"动作"面板更加简洁，方便脚本的编辑。

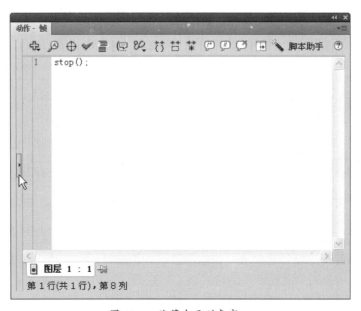

图 10-5　隐藏左面列表窗口

动作面板就介绍这些，有印象即可，不要求记住，工具栏上每个工具的作用和功能可在以后的实践中边用边熟悉。

10.2　ActionScript 的语法

10.2.1　养成良好的程序编写习惯

1．大小写敏感

ActionScript 是大小写敏感的，比如说

```
stop(); //正确写法
Stop(); //错误写法
```

因为第二种写法首字母是大写的。

在 Flash 中，关键字的拼写必须按照 Flash 的规定执行，其实要做到很容易，因为在 Flash 的动作面板里面，关键字会有不一样的颜色显示。

2．注释

要从开始就养成编程的好习惯，如在每个语句后面都加上分号"；"，有可能的话，给每一段代码加上注释。

注释是不会被代码执行的，所以不用担心填写注释会增加系统开销。注释能在数月甚至数年后仍然能知道每段代码的作用，并能够继续对程序进行后续开发和维护；在必要时，让别人看懂你的代码。

注释的例子：

```
// 行注释，只能有一行
/* 块注释，可以写很多行 */
```

可以手工输入或通过动作面板工具栏中的行注释按钮和块注释按钮快速地添加注释。

3．好的名字

在编程的世界中，需要对各种对象命名。判断一个好名字的标准是是否能够以最少的字符提供更多的信息。

在 Flash 中，当命名一个对象时，应该尽量让这个名字反映出这个事务的所有重要信息。比如说，想命名一个旋转的地球的影片剪辑。如下列命名方式：

```
A  earthRotationMC    //好的名字(注：MC 即 MovieClip，表示影片剪辑 )
B  earthMC            //没有指出"旋转"这一特性
C. earth              //没有指出是一个影片剪辑
D  diqiu              //在程序命名中，不建议使用汉语拼音，这样不利于沟通合作
E  MC001              //最不建议的就是采用这样无意义的命名方式
```

显然 A 的命名方式是好的，因为要表述的信息不止一个，这里采用的是骆驼命名法，即第一个单词首字母为小写，随后单词的首字母为大写。其实，在 Flash 中，它的关键字也是采用这种命名法的，比如 gotoAndPlay()方法。

需要注意，这里所说的"名字"，指的是各种对象在程序中的名字，如果该对象是一个元件，那就是它的"实例名称"。如图 10-6 所示，"元件 1"是这个影片剪辑在库中的名字，而在程序中要调用该影片剪辑，用的是它的"实例名称"。事实上，可以向舞台中导入数个"元件 1"，然后给它们命名不同的实例名称，用程序分别调用。

图 10-6 实例名称

4．减少代码重复

如果想使事情变得简单，那么每一个编程工作应该在 Flash 中只出现一次。如果同一段代码出现在两处，意味着更新和修改的工作也将加倍。所以说，任何时候都不要把复制粘贴代码看作是一个好的办法。

减少代码重复的方法有很多，比如说把脚本保存在库中、保存在函数中或从外部引入 Flash 等。事实上，每当一段代码能够完成一个独立功能时，就应该把它分离出去，这就是著名的代码分离思想，该思想在现代软件发展中起到了举足轻重的作用。

10.2.2　常用的语法

1. 方法

什么是方法呢？打个比方，管吃饭叫作一种方法，用来解决肚子饿这个问题。管 stop() 叫做一种方法，用来解决时间轴指针停下来的问题。事实上，方法就是对象要完成的事情。也就是说，方法会告诉对象要做什么。

几个常用的控制场景的方法：

```
play();              //让时间轴的指针播放
stop();              //停止时间轴的指针在程序触发时候的那个帧
gotoAndPlay();       //让指针跳转到某个帧，然后继续播放
gotoAndStop();       //让指针跳转到某个帧，停止在那个帧
nextFrame();         //向后走一帧
prevFrame();         //向前走一帧
```

从本质上来说，方法就是函数。所以方法名后面都会有一个圆括号，在函数的圆括号中是填写参数的地方。

2. 属性

什么是属性？打个比方，管身高叫做属性，用来标识高度。管_x 叫属性，用来标识目标的 X 轴坐标。管_alpha 叫属性，用来标识目标的透明度……

几个常见的属性：

```
_x       //对象的 X 轴坐标(横向)
_y       //对象的 Y 轴坐标(纵向)
_alpha   //对象的透明度
_width   //对象的宽度
_name    //对象的名字
……
```

3. 控制程序流程的语法

(1) if 条件判断语句

```
if (条件)
    {
        //条件满足执行这里的代码
    }
    Else
    {
        //条件不满足执行这里的代码
    }
```

(2) for 循环语句

```
For (i=0 ; i <N ; i++)
```

```
        {                    //执行这里的代码 N 次
        }
```
(3) while 语句

```
        while(条件)
        {
                    //当条件满足时一直执行这里的代码
        }
```

ActionScript 和其他面向对象的语言非常相似，绝大多数语法规则是一样的，ActionScript 的语法很多，不一一列举，具体的可以参考 Flash 的帮助手册。

10.2.3　对象

著名的 Bruce Eckel 在其经典著作《Thinking in Java》中说过这样一句话 "Everything is an Object"，翻译过来就是 "一切都是对象"。下面介绍一些与对象有关的知识。

1．点语法

点语法是 ActionScript 中最常用的语法，使用点语法来引用对象的属性和方法，也是使用它来描述一个路径以指向目标对象的。点语法总的来说就是正在面向对象的体系结构中用来表示路径。

要表示房间里的桌子上的一本书，用点语法表示为：

房间.桌子.书

点语法就是这样表示对象的，点的前面是其后面的父级，后面是前面的子级。如房间是桌子的父级，书是桌子的子级。如果还难以理解，把(.)写成 "里面的" 就明白了，即房间(里面的)桌子(里面的)书

2．路径

点语法最主要的应用，就是用来表示路径。也就是如何方便的指向目标对象。

举一个例子，新建一个 Flash 文件，然后创建一个影片剪辑，命名为 "剪辑"，放在主场景里面，接着再创建一个按钮，放在 "剪辑" 里面，命名为 "按钮"。分别给这两个元素指定 "实例命名"：

MC > deskMC　　　　　　　　　　　　按钮>bookBtn

现在假设主场景是房子，名为 deskMC 的影片剪辑是桌子，名为 bookBtn 的按钮是书，分别怎么表达房子，桌子，书呢？如下：

_root　　　　　　　　　　　房子
_root. deskMC　　　　　　　房子.桌子
_root. deskMC. bookBtn　　　房子.桌子.书

在这里，_root 是是 Flash 的关键字，表示主场景的时间线。

3．对象

对象(Object)，上个例子中的房子、桌子和书，都可以称作为一个对象。当通过点语法找到对象后，才能对对象进行操作，对其施加方法。

比如，现在要打扫房子，对象是房子，打扫是方法，表达式是这样：

房子.打扫();

那如果想对房间里面的桌子进行操作，就是：

房子.桌子.打扫();

把它们"翻译"成 ActionScript 代码就更清楚了：

比如要主场景停止播放，就是 _root.stop();

要名为 myMC 的影片剪辑停止播放，就是 _root.myMc.stop();

10.3　面向对象的简介

面向对象似乎无处不在。事实上，在现在的计算机世界中也的确如此，那么，究竟什么是面向对象呢？

10.3.1　理解面向对象

1．从世界观的角度

面向对象的基本哲学是认为世界是由各种各样具有自己的运动规律和内部状态的对象所组成的；不同对象之间的相互作用和通讯构成了完整的现实世界。因此，人们应当按照现实世界这个本来面貌来理解世界，直接通过对象及其相互关系来反映世界。这样建立起来的系统才能符合现实世界的本来面目。

2．从方法学的角度

面向对象的方法是面向对象的世界观在开发方法中的直接运用。它强调系统的结构应该直接与现实世界的结构相对应，应该围绕现实世界中的对象来构造系统，而不是围绕功能来构造系统。

3．面向对象的应用

面向对象(Object Oriented，OO)是当前计算机界关心的重点，它是现代软件开发方法的主流。面向对象的概念和应用已超越了程序设计和软件开发，扩展到很宽的范围。如数据库系统、交互式界面、应用结构、应用平台、分布式系统、网络管理结构、CAD 技术、人工智能等领域。

10.3.2　面向对象的基本概念

1．对象

对象是人们要进行研究的任何事物，它不仅能表示具体的事物，还能表示抽象的规则、计划或事件。

2．对象的状态和行为

对象具有状态，一个对象用数据值来描述它的状态。

对象还具有操作，用于改变对象的状态，操作就是对象的行为。

对象实现了数据和操作的结合，使数据和操作封装于对象的统一体中。

3．类

具有相同或相似性质的对象的抽象就是类。因此，对象的抽象是类，类的具体化就是对象，也可以说类的实例是对象。

类具有"属性"，它是对象的状态的抽象，用数据结构来描述类的属性。

类具有"操作"，它是对象的行为的抽象，用操作名和实现该操作的方法来描述。

4．消息和方法

对象之间进行通信的结构叫做消息。在对象的操作中，当一个消息发送给某个对象时，消息包含接收对象去执行某种操作的信息。发送一条消息至少要包括说明接受消息的对象名、发送给该对象的消息名(即对象名、方法名)。一般还要对参数加以说明，参数可以是认识该消息的对象所知道的变量名，或者是所有对象都知道的全局变量名。

类中操作的实现过程叫做方法，一个方法有方法名、参数、方法体。

10.3.3　面向对象的特征

1．对象唯一性

每个对象都有自身唯一的标识，通过这种标识，可找到相应的对象。在对象的整个生命期中，它的标识都不改变，不同的对象不能有相同的标识。

2．分类性

分类性是指将具有一致的数据结构(属性)和行为(操作)的对象抽象成类。一个类就是这样一种抽象，它反映了与应用有关的重要性质，而忽略其他一些无关内容。任何类的划分都是主观的，但必须与具体的应用有关。

3．继承性

继承性是子类自动共享父类数据结构和方法的机制，这是类之间的一种关系。在定义和实现一个类的时候，可以在一个已经存在的类的基础之上来进行，把这个已经存在的类所定义的内容作为自己的内容，并加入若干新的内容。

继承性是面向对象程序设计语言不同于其他语言的最重要的特点，是其他语言所没有的。

在类层次中，子类只继承一个父类的数据结构和方法，则称为单重继承。

在类层次中，子类继承了多个父类的数据结构和方法，则称为多重继承。

在软件开发中，类的继承性使所建立的软件具有开放性、可扩充性，这是信息组织与分类的行之有效的方法，它简化了对象、类的创建工作量，增加了代码的可重性。

采用继承性，提供了类的规范的等级结构。通过类的继承关系，使公共的特性能够共享，提高了软件的重用性。

4．多态性(多形性)

多态性使指相同的操作或函数、过程可作用于多种类型的对象上并获得不同的结果。不同的对象收到同一消息可以产生不同的结果，这种现象称为多态性。

多态性允许每个对象以适合自身的方式去响应共同的消息。

多态性增强了软件的灵活性和重用性。

10.3.4　面向对象的要素

1．抽象

抽象是指强调实体的本质、内在的属性。在系统开发中，抽象指的是在决定如何实现对象之前的对象的意义和行为。使用抽象可以尽可能避免过早考虑一些细节。

类实现了对象的数据(即状态)和行为的抽象。

2．封装性

封装性是保证软件部件具有优良的模块性的基础。

面向对象的类是封装良好的模块，类定义将其说明(用户可见的外部接口)与实现(用户不可见的内部实现)显式地分开，其内部实现按其具体定义的作用域提供保护。

对象是封装的最基本单位。封装防止了程序相互依赖性而带来的变动影响。面向对象的封装比传统语言的封装更为清晰、更为有力。

3．共享性

面向对象技术在不同级别上促进了共享：

(1) 同一类中的共享。同一类中的对象有着相同数据结构。这些对象之间是结构、行为特征的共享关系。

(2) 在同一应用中共享。在同一应用的类层次结构中，存在继承关系的各相似子类中，存在数据结构和行为的继承，使各相似子类共享共同的结构和行为。使用继承来实现代码的共享，这也是面向对象的主要优点之一。

(3) 在不同应用中共享。面向对象不仅允许在同一应用中共享信息，而且为未来目标的可重用设计准备了条件。通过类库这种机制和结构来实现不同应用中的信息共享。

10.4 ActionScript 2.0 简介

在 Flash 的元素中有 3 个地方可以放置 ActionScript 2.0 脚本，分别是关键帧、按钮、影片剪辑。要想让写在这三个地方的脚本执行，还都需要一个触发条件，这就是事件。因为，Flash 是靠"事件驱动"运行的，没有事件，Flash 将寸步难行。例如，帧事件就是当观看 Flash 影片时，实际上是正在发生一个个"进入帧"事件，在这些事件中，Flash Player 会呈现每帧中的内容，所以就能看到画面。下面将分别介绍关键帧事件、按钮事件以及影片剪辑事件。

10.4.1 关键帧事件

Flash 影片中的每个场景都有时间轴，时间轴上的每个关键帧都可以放置脚本。并且，还可以在每一个关键帧的不同层上放置不同的脚本。

在主时间轴中放置脚本之前，需要先选择一个关键帧。启动 Flash 时，时间轴中有一个空白关键帧，如图 10-7 所示，可以看到默认的空白关键帧和选中它时的状态。

当选中一个关键帧后，就可以打开动作面板，查看里面的脚本或者开始编写自己的脚本了。如果对 Flash 的影片浏览器比较熟悉，也可以通过快捷键【Alt+F3】打开影片浏览器，查看整个 Flash 影片所用到的脚本。

如图 10-3 所示的动作面板，该动作面板被命令为"动作帧"(在动作面板的左上角)，这是因为其中的脚本将作用在帧上。

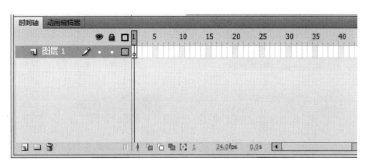

图 10-7 关键帧

时间轴中的脚本将在 Flash 影片播放到脚本所在的关键帧位置时自动执行，即帧事件的触发是自动的。例如，如果你为某一关键帧添加了 stop()命令，当影片播放到那一帧位置时就会自动停止。要让影片继续播放，只需在其他的脚本中添加相应的命令。

在时间轴中添加脚本还有一个好处就是方便在 ActionScript 中使用函数。函数是可以重复使用的脚本代码，要想使整个影片都可以调用脚本中的函数，就必须将函数放置在主时间轴中。

10.4.2 按钮事件

1. 按钮元件

Flash 中的元素又称作元件(Symbol)。如图 10-8 所示，元件主要有 3 种：影片剪辑(Movie clip)、按钮(Button)和图形(Graphic)。图形元件不能承载脚本，它们只能是简单的静态或动态图像。影片剪辑与图形元件类似，但是它可以承载脚本。

按钮可以承载脚本，事实上，如果没有脚本，按钮几乎不会发挥什么作用。可以自己制作按钮，也可以如图 10-9 所示，执行【窗口】→【公用库】→【按钮】命令，从公用库中选择 Flash 自带的按钮。

图 10-8　新建元件

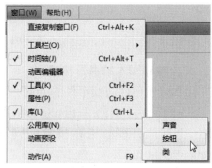

图 10-9　公用库中的按钮

如图 10-10 所示，选择好合适的按钮后，将其拖拽到舞台中即可。然后可以通过按钮的属性面板设置相关参数，以达到设计要求。

207

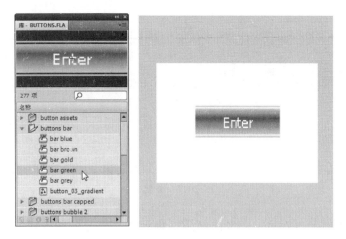

图 10-10　制作按钮

2．为按钮元件添加脚本

要为按钮添加脚本，首先要在舞台中选中按钮，然后执行【窗口】→【动作】命令或按快捷键 F9 打开动作面板。如图 10-11 所示，与帧动作面板相对应，按钮动作面板的标题是"动作-按钮"。

图 10-11　为按钮添加 ActionScript

3．按钮脚本的书写格式

1) 按钮事件与帧事件的异同

不同于帧上面的 ActionScript，按钮上面的 ActionScript 是要有具体触发条件的，例有一个动画，要让它在播放完同时停止，则要做的就是在这个动画的最后一帧写 ActionScript 语句：

```
stop();
```

若有个按钮，效果是按下按钮并松开后停止播放，则步骤如下：

制作一个按钮，放到主场景，点选按钮，然后打开动作面板。现在如果也在按钮上写：

```
stop();
```

则，输出的时候就会如图 10-12 所示，提示错误。

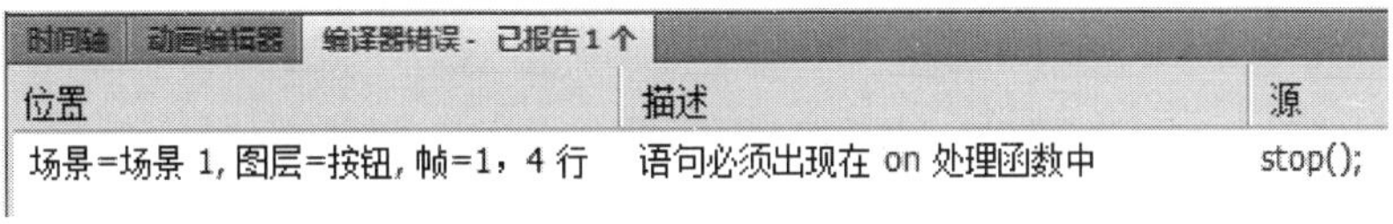
时间轴
动画编辑器
编译器错误 - 已报告 1 个
位置
描述
源
场景=场景 1, 图层=按钮, 帧=1, 4 行
语句必须出现在 on 处理函数中
stop();

图 10-12 编译器错误

正确的应该如图 10-11 所示，这样写

```
on(release)
{
  stop();
}
```

这里要比帧的动画多这些代码：on(release){ }，

整个代码翻译过来就是：当(鼠标松开){ 停止 }

即只有当“鼠标松开”这个事件发生时，“停止”动作才会被执行。

2) 鼠标触发事件

在刚才写的鼠标动作语句中，on 右侧小括号里的代码表示鼠标的触发事件，这里用的是 release，按钮的常用触发事件有：

- release 按下后松开；
- releaseOutside 在按钮外面松开；
- press 按下；
- rollOver 鼠标进入按钮的感应区；
- rollOut 鼠标离开按钮的感应区。

3) 鼠标脚本的书写格式

写在按钮上面的 ActionScript 一般格式：

```
on(事件){要执行的代码}
```

10.4.3 影片剪辑事件

1. 为影片剪辑添加脚本

为影片剪辑添加的脚本可以用来控制影片剪辑自身或控制时间轴中的其他影片剪辑。使用脚本可以判断影片剪辑出现在屏幕中的什么位置，也可以用脚本来控制影片剪辑的重复播放等，进而控制整个动画。

除了可以为影片剪辑添加脚本，也可以在影片剪辑内部添加脚本。影片剪辑其实也是一个单独的 Flash 影片，在影片剪辑中有一条单独的时间轴，可以像在主时间轴中添加脚本一样在影片剪辑内部的时间轴中添加帧动作脚本。同样地，也可以将按钮放置到影片剪辑内部并为按钮添加脚本。也就是说影片剪辑就像是 Flash 里的国中国，在主场景中有的在影片剪辑中也同样可以有。

2. 影片剪辑脚本的书写格式

(1) 为影片剪辑添加 ActionScript

写在影片剪辑上面的 ActionScript 和写在按钮上的大同小异。操作方法就是点选影片剪辑，然后打开动作面板。如图 10-13 所示，输入如下命令：

```
onClipEvent(load)
{
    stop();
}
```

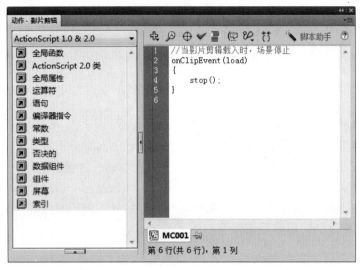

图 10-13　为影片剪辑添加 ActionScript

可以看出，影片剪辑也需要一个事件来触发 AS 的执行。翻译这段代码为

当剪辑 (载入)
{
　　停止
}

2) 影片剪辑触发事件

影片剪辑的事件如下所列：

● load 载入，当 MC 出现的时候执行。也就是除非卸载这个 MC，否则 load 事件内的代码只执行一次。

● unload 卸载，当 MC 卸载的时候执行。

● enterFrame 存在的每个帧。在 MC 存在的每个帧都要执行一次代码。如果你的场景有 100 个帧，有个 MC 从 61 帧开始出现到 100 帧才消失，那么这个 MC 上面的代码执行了 40 次。

● mouseDown 当鼠标左键被按下时，和按钮不同的是，在场景内任何地方按下都算。

● mouseMove 移动鼠标，只要移动鼠标就执行代码。

● mouseUp 当被按下的鼠标左键被放开时，执行代码。

● keyDown 当键盘被按下时，会触发本事件。

● keyUp 当已按下的键盘被松开时，会触发本事件一次。

3) 影片剪辑的书写格式

写在影片剪辑上的代码一般格式为

```
onClipEvent(事件){代码}
```

不过，也可以将影片剪辑当做一个按钮来使用。也就是说按钮中可以写的代码在影片剪辑中同样适用。

10.5　ActionScript 3.0 简介

10.5.1　ActionScript 3.0 的新增功能

ActionScript 3.0 是 ActionScript 的最新版本，它完全支持面向对象，提供了可靠的编程模型。相对于早期 ActionScript 版本改进的一些重要功能包括：

一个新增的 ActionScript 虚拟机，称为 AVM2，它使用全新的字节代码指令集，可使性能显著提高；

一个更为先进的编译器代码库，可执行比早期编译器版本更深入的优化；

一个扩展并改进的应用程序编程接口 (API)，拥有对对象的低级控制和真正意义上的面向对象的模型；

一个基于 ECMAScript for XML (E4X) 规范(ECMA-357 第 2 版)的 XML API。E4X 是 ECMAScript 的一种语言扩展，它将 XML 添加为语言的本机数据类型；

一个基于文档对象模型 (DOM) 第 3 级事件规范的事件模型。

10.5.2　面向对象

1．面向对象的编程简介

面向对象的编程(OOP)是一种组织程序代码的方法，它将代码划分为对象，即包含信息(数据值)和功能的单个元素。通过使用面向对象的方法来组织程序，可以将特定信息(例如，唱片标题、音轨标题或歌手名字等音乐信息)及其关联的通用功能或动作(如"在播放列表中添加音轨"或"播放此歌手的所有歌曲")组合在一起。这些项目将合并为一个项目，即对象(例如，"唱片"或"音轨")。能够将这些值和功能捆绑在一起会带来很多好处，其中包括只需跟踪单个变量而非多个变量、将相关功能组织在一起，以及能够以更接近实际情况的方式构建程序。

2．重要概念和术语

(1) 属性：在类定义中为类元素(如属性或方法)分配的特性。属性通常用于定义程序的其他部分中的代码能否访问属性或方法。例如，private 和 public 都是属性。私有方法只能由类中的代码调用；而公共方法可以由程序中的任何代码调用。

(2) 类：某种类型的对象的结构和行为定义(与该数据类型的对象的模板或蓝图类似)。

(3) 类层次结构：多个相关的类的结构，用于指定哪些类继承了其他类中的功能。

(4) 构造函数：可以在类中定义的特殊方法，创建类的实例时将调用该方法。构造函数通常用于指定默认值，或以其他方式执行对象的设置操作。

(5) 数据类型：特定变量可以存储的信息类型。如字符串、数值、布尔、数组等数据类型。为了操作电影剪辑实例，ActionScript 还提供了电影剪辑实例数据类型，这是其他程序设计平台所没有的。

(6) 枚举：一组相关常数值，为方便起见而将其作为一个类的属性组合在一起。

(7) 继承：一种 OOP 机制，它允许一个类定义包含另一个类定义的所有功能(通常会添加到该功能中)。

(8) 实例：在程序中创建的实际对象。

(9) 命名空间：实质上是一个自定义属性，它可以更精确地控制代码对其他代码的访问。

10.5.3　ActionScript 3.0 的事件

1．事件触发

ActionScript 3.0 与 ActionScript 2.0 相比，在触发事件上有所不同。ActionScript 3.0 的代码只能写在关键帧和外部类文件。也就是说 ActionScript 3.0 是完全面向对象的语言，它已经脱离了 2.0 时一些"基于对象"的影子。在 3.0 中，不再严格区分按钮事件和影片剪辑事件，代码也不会写在按钮和影片剪辑中。

本质上，"事件"就是所发生的、ActionScript 能够识别并可响应的事情。许多事件与用户交互有关。例如，用户单击按钮，或按键盘上的键等。实际上，当 ActionScript 程序正在运行时，Adobe Flash Player 只是等待某些事情的发生，当这些事情发生时，Flash Player 将运行为这些事件指定的特定 ActionScript 代码。基本事件处理指定为响应特定事件而应执行的某些动作的技术称为"事件处理"。在编写执行事件处理的 ActionScript 代码时，需要识别三个重要元素：

(1) 事件源：发生该事件的是哪个对象？例如，哪个按钮会被单击，或哪个 Loader 对象正在加载图像？事件源也称为 "事件目标"，因为 Flash Player 将此对象 (实际在其中发生事件)作为事件的目标。

(2) 事件：将要发生什么事情，以及希望响应什么事情？识别事件是非常重要的，因为许多对象都会触发多个事件。

(3) 响应：当事件发生时，希望执行哪些步骤？

无论何时编写处理事件的 ActionScript 代码，都会包括这三个元素。

2．侦听器的执行过程

尽管在 ActionScript 2.0 中也有侦听器，但让它发扬光大的还是在 3.0 中，几乎所有的事件都由侦听器完成。下面介绍侦听器的执行过程。

(1) 注册侦听器：让系统知道要监测某一个事件或动作。

(2) 发送事件：事件发生时，执行某一个动作，也就是事件传递的过程。

(3) 侦听事件：对事件做出相应的处理。

(4) 移除侦听器：侦听事件会消耗系统资源，当不用时应该予以移除。

3．代码的编写

当按钮按下时动画停止，在 ActionScript 3.0 中该如何编写代码：

首先这段代码将会被写在动画的最后一帧上，程序中要用到的按钮名为"stopFlash"。

```
//当单击 stopFlash 时，影片停止播放
stopFlash.addEventListener(MouseEvent.CLICK,stopMovie);
function stopMovie (evt:MouseEvent):void
{
```

```
                this.stop();        //单击按钮停止
}
stopFlash.removeEventListener(MouseEvent.CLICK, stopMovie);
```

4. 程序解释

(1) stopFlash.addEventListener(MouseEvent.CLICK，stopMovie);这句程序的功能就是注册侦听器，并在侦听事件发生时发送事件：给 stopFlash 注册一个侦听器，要侦听的事件种类是鼠标事件(MouseEvent)，事件名称是单击(CLICK)，当事件发生时，要执行的响应函数是 stopMovie。

通俗点讲，就需要通知事件源对象 stopFlash 这个按钮，系统会监测你的动态，当发生了单击鼠标事件，让 stopMovie 这个函数去执行命令。

(2) function stopMovie (evt:MouseEvent):void

{

            stop(); //单击按钮停止

}

这句程序的的作用是执行侦听事件：创建一个函数，在创建这个事件处理函数时，必须选择函数名称 stopMovie，还必须指定一个参数 evt 。指定函数参数类似于声明变量，所以还必须指明参数的数据类型 MouseEvent。并且为函数参数指定的数据类型始终是与要响应的特定事件关联的类。最后，在大括号之间"{ ...}"，编写希望计算机在事件发生时执行的指令。

(3) stopFlash.removeEventListener(MouseEvent.CLICK， stopMovie);这句程序的作用是移除侦听器，它的结构和注册侦听器非常像，只不过是把 addEventListener()换成了removeEventListener()。

这样，一个完整的程序周期就算结束了。看起来 ActionScript 3.0 编的程序比 2.0 的要复杂的多，其实不然。当所有的程序都是按照面向对象的标准来编写时，会发现一切都将变的美好。就拿这个例子来说，定义了一个让动画停止的函数 stopMovie，当希望在某一帧通过某个事件让动画停止时，不需要到每个按钮或者影片剪辑里面录入代码，只要让不同的事件去调用 stopMovie 函数即可。当所构建的 ActionScript 体系越来越庞大时，这一点就显得很重要了。

10.6 本章小节

对于 Flash 动画的创作者而言，有时要像软件设计师那样来思考问题。最重要的一点就是不要总想着通过逃避编程来实现自己的想法。很多人都想方设法用非编程的手段来完成他所面对的所有问题，为此，他可以不惜代价。事实上，在很多时候，编程就像魔法杖，能轻松的解决动画师们的噩梦。比如说，实现雪花的飘落、鱼儿的游动、倾盆的大雨、随机的运动等。所以，学好这一化腐朽为神奇的工具，是非常重要的。

限于篇幅，我们不能铺开了讲解 ActionScript，只是简单的介绍了一些应用。更多的学习资料可以到 Adobe 的官方网站上去查阅。而且这门语言还在不断成熟的过程中，从 1.0 到现在的 3.0，可以说发生了翻天覆地的变化，据悉，Adobe 公司将会在不久的将来推出更新的版本 ECMAScript。它很有可能成为 Adobe 旗下众多软件的跨平台操控语言。所以说，路还很长，但却充满了无比的希望。

10.7　实 例 练 习

下面做同样效果的实例，分别使用 AS 2.0 和 AS 3.0 来完成，主要是熟悉一下 AS 的编写环境和流程，并了解 2.0 和 3.0 的区别，掌握如何通过 AS 来控制影片。

10.7.1　使用 ActionScript 2.0 制作动画

1．新建文档

如图 10-14 所示，新建基于 ActionScript 2.0 的 Flash 文档，将 Flash 文档的大小设为 800×600(宽×高)。

2．创建动画背景

(1) 选中时间轴中的第 1 帧，导入图片 "背景.jpg"。如图 10-15 所示，按【F8】，将导入的图片转为图形元件，命名为"背景"。

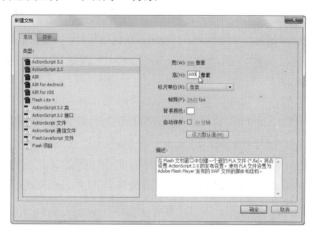

图 10-14　新建基于 ActionScript 2.0 的 Flash 文档

图 10-15　将导入的背景图片转为图形元件

(2) 然后如图 10-16 所示，调整"背景"图片的大小，使其适合屏幕，调好后，将该图层命名为"背景"。

图 10-16　背景图层

（3）为了让后面的操作不受影响，并且保证已经编辑好的"背景"图层不被错误的修改，可以如图10-17 所示，将"背景"图层设置为"不可见"✖和"锁定"🔒状态。以后也可以按此方法来设置图层，在需要的时候再改回原样即可。

图 10-17　设置图层状态

3．制作影片剪辑"小狗"

（1）执行【插入】→【新建元件】命令，新建一个名为"小狗"的影片剪辑，导入图片"小狗.gif"。该 GIF 图片由两幅图片构成，如图 10-18 所示，导入图片后会自动生成四帧的动画。

（2）需要注意的是，在影片剪辑中间会出现一个"＋"。它是影片剪辑的焦点，为了在主场景中方便控制，最好应当让影片剪辑的内容将它覆盖住。这就需要移动影片剪辑中位图的位置，执行【视图】→【网格】→【显示网格】命令，如图 10-19 所示，利用网格，可以将两个位图都调整到同一位置上。

图 10-18　导入"小狗.gif"

图 10-19　小狗

(3) 打开"库"面板，将导入的图片按照图 10-20 所示的方式命名。这一步并不是必须的，但当库中的元件越来越多时，会发现，一旦需要修改，一个好的名字是很重要。

图 10-20　为位图命名

(4) 回到主场景，新建一图层，命名为"小狗"。将制作好的影片剪辑拖入舞台中，设置该影片剪辑的实例名称为"dogMC"，打开其"动作"面板，输入如图 10-21 所示的 ActionScript 代码。

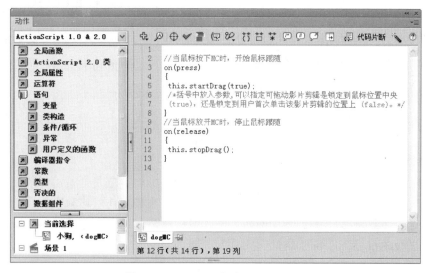

图 10-21　dogMC 上的 ActionScript

这段代码的含义是：

● 鼠标移到小狗(dogMC)上并按下左键(press)时，启动鼠标跟随。这里的 this 是关键字，表示影片剪辑 dogMC，常用在相对路径中。

● 当按下的鼠标松开(release)时，将鼠标跟随方法注销。

(5) 按【Ctrl+Enter】快捷键测试一下，会看到：

● 进入画面后，将鼠标移到小狗上并按下左键时，可以拖拽小狗到想要的位置。

● 松开鼠标左键，注销小狗的鼠标跟随方法，小狗停下来。

4．制作影片剪辑"女孩"

(1) 执行【插入】→【新建元件】命令，新建一个名为"女孩"的影片剪辑，导入图片"女孩.gif"。

(2) 回到主场景，新建一图层，命名为"女孩"。将制作好的影片剪辑拖入舞台的左侧，设置该影片剪辑的实例名称为"girlMC"。

(3) 到"女孩"图层的第 100 帧，按【F6】，将动画延长到这一帧，然后将"女孩"从最左侧移动到最右侧，最后在中间帧上创建"传统补间动画"。

(4) 到第 101 帧，按【F6】，将动画延长到这一帧，通过"任意变形工具"将女孩水平翻转，这时，女孩的脸朝左，到第 200 帧，按【F6】延长帧，最后在中间帧上创建"传统补间动画"。

(5) 按【Ctrl+Enter】快捷键测试一下，会看到女孩先从画面的左侧走到右侧，然后掉头返回，如此往复，周而复始。

图 10-22　buttons circle bubble 按钮

5．制作控制按钮

(1) 执行【窗口】→【公用库】→【按钮】命令，如图 10-22 所示，依次选择四个不同颜色的 buttons circle bubble 按钮，拖入舞台中。

(2) 如图 10-23 所示，如利用"网格"，将四个按钮水平摆好，放置到舞台左下角。然后从左到右分别对其进行编辑。

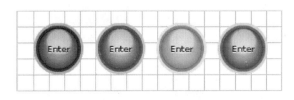

图 10-23　拖入舞台中的按钮

(3) 首先双击左面第一个按钮，进入按钮编辑界面。如图 10-24 所示，取消 text 图层的锁定状态，删除该图层的文本"enter"。

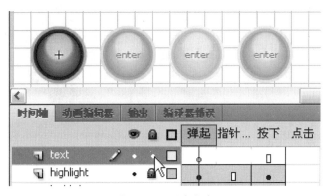

图 10-24　删除文本

(4) 选择"工具栏"中的"文本工具" ，输入文本"stop girlMC"。

● 如图 10-25 所示，设置字符的系列为"Time New Roman"，样式为"Bold"，字符"stop"的大小为"15.0 点"，"girlMC"的大小为"11.0 点"。

图 10-25　设置字符

● 单击选择"滤镜"中的"添加滤镜" ，添加一个"投影"滤镜，如图 10-26 所示，设置模糊 X 和模糊 Y 为"1 像素"，强度为"100％"，品质为"高"，角度为"90 度"，距离为"1 像素"，颜色为"白色"，其余设置不变。

图 10-26　为字体添加投影滤镜

(5) 字符设置好后，适当调整一下字符的位置，使其正好位于按钮中央。其他按钮也按此方法设置，设置好后的按钮如图 10-27 所示。

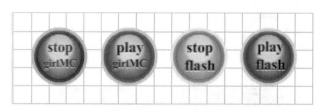

图 10-27　设置好后的按钮

(6) 打开其"动作"面板，如图 10-28 所示，为"stop girlMC"按钮添加 ActionScript代码。其他按钮的脚本及解释见表 10-1。

图 10-28　给按钮添加脚本

表 10-1　按钮事件的执行脚本按钮代码

按钮名	按钮事件的执行脚本	备注
stop girlMC	on(release){ _root.girlMC.stop(); }	让 girlMC 停止播放
play girlMC	on(release){ _root.girlMC.play(); }	让 girlMC 开始播放
stop flash	on(release){ _root.stop(); }	让主场景停止播放
play flash	on(release){ _root.play(); }	让主场景开始播放

6．测试动画

关闭动作面板，调整一下画面的布局和各个元素的大小，整理一下元件库。按【Ctrl+Enter】快捷测试影片。

（1）控制小狗的位置：一进入画面，可以拖拽小狗到合适的位置。

（2）控制女孩的运动：可以通过先后按下两个按钮，来控制女孩的运动方式。组合之间没有先后差别，假设女孩的初始状态是正常行走，具体测试结果见表 10-2。

表 10-2　按钮测试结果

按钮组合（无先后要求）	结果	备注
play girlMC＋play flash	女孩正常行走	恢复为初始状态
play girlMC＋stop flash	女孩原地踏步	
stop girlMC＋play flash	女孩向前滑行	
stop girlMC＋stop flash	女孩立定不动	

可以看到 ActionScript 就如同是一个魔法师，随心所欲地控制着 Flash 的一切，如果能够真正的掌握它，会让你的作品变的与众不同。

10.7.2　使用 ActionScript 3.0 制作动画

制作动画的步骤大多和 AS2.0 中的相同，只介绍和 10.7.1 中不同的部分。

1．新建文档

新建基于 ActionScript 3.0 的 Flash 文档，将 Flash 文档的大小设为 800×600。导入

并制作动画背景和小狗影片剪辑。将小狗影片剪辑载入舞台，设其实例名称为"dogMC"。

2．录入鼠标跟随命令

如图 10-29 所示，新建一个图层，命名为"命令"，右键单击该图层，在弹出的对话框中选择"动作"命令。

图 10-29　新建命令图层

打开"动作"面板，输入如图 10-30 所示的 ActionScript 代码。

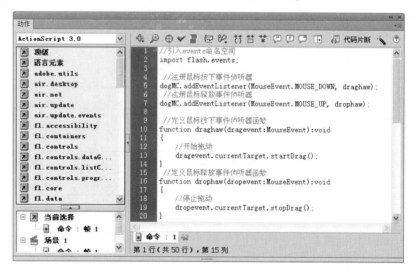

图 10-30　鼠标跟随命令

和 AS 2.0 相比，代码发生了较大的变化。录入的地方也由影片剪辑变更为关键帧上，接下来，解释一下这段话的意思。

● 引入 flash.events 命名空间，引入命名空间在面向对象中是很常见的一种说法。也叫加载已经定义好的类或包。虽然不同公司对它的叫法可能不同，但实际都是一样的。那么，import 导入的究竟是什么呢。在 Flash 中会预先设置一些定义好的类库，用 import 可以把类库中所有以 flash.events 开头的类或包引入到本程序中，使其能被本程序使用。

说得直白一点，当找一个人的时候，为了防止重名，一般会怎么称呼呢，比如想知道中国的山西的王小明的身高，用程序表达就是：

中国.山西.王小明.身高

可这样叫起来太麻烦，于是就引入命名空间。

import 中国.山西

接下来，再用到王小明时，就可直呼其名了，如：

王小明.身高

也就是说，实际是想用 events 类中的东西，为了能在程序中可以直接使用，提前将 events 类全部引进来，这样就不必在用的时候加长长的前缀了。

● 给 dogMC 影片剪辑注册一个鼠标按下事件(MouseEvent.MOUSE_DOWN)的侦听器(addEventListener)，当其发生时，执行函数 draghaw 中的命令。

● 给 dogMC 影片剪辑注册一个鼠标放开事件(MouseEvent.MOUSE_UP)的侦听器(addEventListener)，当其发生时，执行函数 droghaw 中的命令。

● 定义拖拽函数 draghaw：定义函数的参数 dragevent，用于在程序中指代影片剪辑 dogMC。当鼠标事件发生时，开启鼠标跟随方法(startDrag())。

● 定义放开函数 droghaw：定义函数的参数 drogevent，用于在程序中指代影片剪辑 dogMC。当鼠标事件发生时，停止鼠标跟随方法(stopDrag())。

这里需要提一下 currentTarget，它常和 target 发生混淆，比如说现在有 A 和 B，A.addChild(B)的意思是 A 监听鼠标单击事件，则当单击 B 时，target 是 B，currentTarget 是 A，即 currentTarget 始终是监听事件者，而 target 是事件的真正发出者。

3. 制作"女孩"MC 和控制按钮

和上一节的过程一样，制作好"女孩"影片剪辑，拖入舞台后设置其实例名称为"girlMC"。然后制作控制按钮，在上一节中，由于做好按钮以后并没有在程序中再次调用，所以没有设置它们的实例名称，但在 AS 3.0 中，都必须给其命名，如图 10-31 所示，从左到右分别设置其实例名称为 stopMC、playMC、stopFlash 和 playFlash。

图 10-31　给按钮命名实例名称

4. 录入控制程序

打开刚刚录入过的"动作"面板，如图 10-32 所示，直接在原程序后面开始录入新的代码。

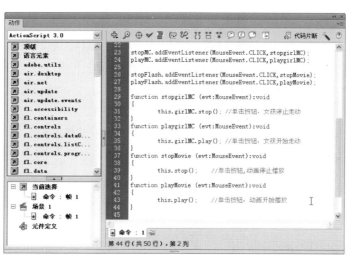

图 10-32　控制程序

这段代码实际就是给四个按钮各注册了一个鼠标单击事件(MouseEvent.CLICK)的侦听器，当单击事件发生时，分别执行对应的函数。

如第一个就是，当 stopMC 按钮被单击时，触发侦听器，找 stopgirlMC 这个函数去执行它，其实就是让 girlMC 这个影片剪辑停止播放，其他三个以此类推。这样，整个程序就录入完成，全部代码如下所示：

```
import flash.events; //引入 events 命名空间
dogMC.addEventListener(MouseEvent.MOUSE_DOWN, draghaw);
dogMC.addEventListener(MouseEvent.MOUSE_UP, drophaw);
function draghaw(dragevent:MouseEvent):void
{
    dragevent.currentTarget.startDrag();//开始拖动小狗
}
 function drophaw(dropevent:MouseEvent):void
{
    dropevent.currentTarget.stopDrag();//停止拖动小狗
}


stopMC.addEventListener(MouseEvent.CLICK,stopgirlMC);
playMC.addEventListener(MouseEvent.CLICK,playgirlMC);
stopFlash.addEventListener(MouseEvent.CLICK,stopMovie);
playFlash.addEventListener(MouseEvent.CLICK,playMovie);
function stopgirlMC (evt:MouseEvent):void
{
        this.girlMC.stop();        //单击按钮，女孩停止走动
}
function playgirlMC (evt:MouseEvent):void
{
        this.girlMC.play();        //单击按钮，女孩开始走动
}
function stopMovie (evt:MouseEvent):void
{
        this.stop();        //单击按钮，动画停止播放
}
function playMovie (evt:MouseEvent):void
{
        this.play();        //单击按钮，动画开始播放
}
```

5．测试动画

关闭动作面板，调整一下画面的布局和各个元素的大小，整理一下元件库。按

【Ctrl+Enter】快捷键测试影片，如图 10-33 所示，和原先用 AS 2.0 制作出来效果的没有什么区别。但编程的思想却发生了巨大的变化，应该说 ActionScript 不会停止自己前进的脚步，我们应该不断地充实和提高自己。

图 10-33 动画效果

第 11 章　组件和模板的使用

组件和模板，就像由标准化工厂制作出的零件一样，用好它们，可以轻松地组合出自己的产品，不必为制作零件而发愁了。

学习要点：通过本章的学习，读者要熟练掌握以下内容：

* 掌握 Flash 中的组件的使用方法。

* 能够使用 ActionScript 配合组件完成一个简单的动画。

* 了解模板的创建和使用。

11.1　组件的简介

组件可以将应用程序的设计过程和编码过程分开。通过使用组件，开发人员可以创建设计人员在应用程序中能用到的功能。开发人员可以将常用功能封装到组件中，而设计人员可以通过更改组件的参数来自定义组件的大小、位置和行为。通过编辑组件的图形元素或外观，还可以更改组件的外观。

组件之间共享核心功能，如样式、外观和焦点管理。将第一个组件添加至应用程序时，此核心功能大约占用 20KB 的大小。当添加其他组件时，添加的组件会共享初始分配的内存，降低应用程序大小的增长。

11.1.1　组件概述

组件是一组带有预定义参数的电影剪辑。通过这些参数，可以个性地修改组件的外观和行为。使用组件，并对其参数进行简单设置，再编写简单的脚本，就能完成专业人员才能实现的交互动画。

11.1.2　查看 Flash 组件

按如下步骤在"组件"面板中查看组件。

(1) 创建新的 Flash 文件或打开现有的 Flash 文档。

(2) 执行【窗口】→【组件】命令，打开如图 11-1 所示的"组件"面板。

需要注意：当在新建 Flash 文档时选择了不同版本的 ActionScript，打开的组件面板会略有不同，不能将这两套组件混淆起来。

11.1.3　安装外部组件

从网上下载一些外部组件安装到本机，要在退出 Flash 的情况下，将包含组件的 SWC 或 FLA 文件放在硬盘中的以下文件夹中：

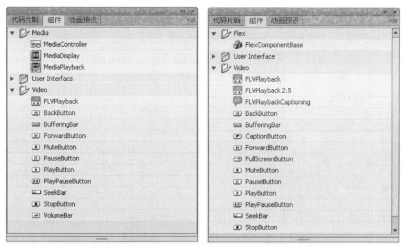

图 11-1　组件面板

在 Windows 中，如图 11-2 所示：

C:\Program Files\Adobe\Adobe Flash CS6\Common\Configuration\Components

在 Macintosh 上：

Macintosh HD:Applications:Adobe Flash CS6:Configuration:Components

图 11-2　组件的安装位置

需要注意，由于操作系统、软件版本、安装位置的不同，路径会略有差异，所以重点是怎样找到 Components 文件夹或是 SWC 等文件，而不是死板的按照上述路径去寻找。

11.2　ActionScript 2.0 环境下的组件

11.2.1　组件的导入

从"组件"面板将组件拖到舞台上时，会将一个编译剪辑 (SWC) 元件添加到"库"面板中。将 SWC 元件添加到库中后，就可以将多个实例拖动到舞台上。也可以通过使用

UIObject.createClassObject()方法，在运行时将该组件添加到文档中。但 Menu 和 Alert 这两个组件例外，无法使用 UIObject.createClassObject() 来实例化。它们使用的是 show() 方法。

1. 使用"组件"面板向 Flash 文档添加组件

(1) 如图 11-3 所示，可以直接在属性面板中，或则执行【文件】→【发布设置】命令，将"脚本"设置为"ActionScript 2.0"。

图 11-3　发布脚本为 ActionScript 2.0

(2) 执行【窗口】→【组件】命令，在弹出的"组件"面板中执行以下操作之一：

● 将组件从"组件"面板拖动到舞台上。

● 双击"组件"面板中的一个组件。

如图 11-4 所示，作为范例，从"组件"面板里的 User Interface 组中，选取一个 Button 组件。

(3) 在舞台上选择该组件，执行【窗口】→【属性】命令，如图 11-5 所示，在"属性"检查器中，输入组件实例的"实例名称"。比如 submitButton 等，然后，单击"组件参数"选项卡为实例指定参数。

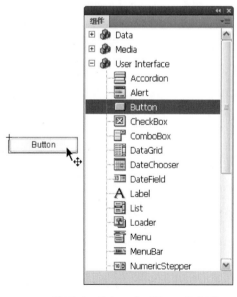

图 11-4　添加一个"Button"组件

图 11-5　组件属性

(4) 组件不会自动调整大小以适合其标签(label 的值就是标签)。如果添加到文档中的组件实例不够大，而无法显示其标签，就会将标签文本剪切掉。必须调整组件大小以适合其标签。调整组件大小可以如图 11-6 所示，使用"任意变形"工具  来调整组件实例的大小。或在属性面板中设置"位置和大小"中的长和宽。

使用"任意变形"工具调整组件大小　　　　设置"位置和大小"调整组件大小

图 11-6　调整舞台上的组件的大小

2．使用 ActionScript 在运行时添加组件

(1) 要在运行时向文档中添加某个组件，需先将组件图标从"组件"面板拖到库中。

● 使用 createClassObject() 方法向 Flash 态添加组件。

createClassObject() 方法的格式为：createClassObject(组件类名称，"新实例的实例名称"，深度，{设置属性的可选初始化对象})，如下所示：

```
createClassObject(mx.controls.Button，"submitButton"，5，{_x:20,_y:20,
label:"提交按钮"});
```

或者，也可以使用 import 导入 Button 类包，如下所示：

```
import mx.controls. Button;createClassObject(Button，" submitButton "，
5，{_x:20, _y:20,label:" 提交按钮"});
```

将上述脚本语句选择一组，写入第一帧的"动作"中，单击运行会出现图 11-7 所示的按钮。

深度也可以理解为层数或高度，如两个元件，一个 mc1，一个 mc2，mc1 的深度为 0，mc2 的深度为 1，那么如果把这两个元件完全重叠在一起，测试影片后就会发现你看到的是 mc2，而 mc1 就看不到了，因为 mc2 的深度比 mc1 大，如果把 mc1 的深度改为 3，那么就看到 mc1 而看不到 mc2 了。使用 getNextHighestDepth()方法会自动生成深度，但此方法要慎重使用，因为它每次会生成一个新的最高深度，所以有可能会生成出一个超过最大范围的值，从而造成程序错误。

```
createClassObject(mx.controls.Button，"submitButton"，
this.getNextHighestDepth()，{_x:20, _y:80, label: "提交按钮"});
```

● 使用 show() 方法向 Flash 态添加 Menu 或和 Alert 组件。

以导入 Alert 组件为例，使用完整的包路径，如下所示：

```
mx.controls.Alert.show("您输入有误","错误提示");
```

或可以使用 import 语句来引用类，如下所示：

```
import mx.controls.Alert;Alert.show("您输入有误","错误提示");
```

将上述脚本语句选择一组，写入第一帧的"动作"中，单击运行会出现图 11-8 所示的按钮。

图 11-7　提交按钮

图 11-8　Alert 组件

11.2.2　组件的设置

执行【窗口】→【组件检查器】命令，可以在"组件检查器"中设置载入舞台组件的参数。下面，以几个常用的组件为例，介绍如何使用组件。

1．Button(按钮)组件

● icon：为按钮添加自定义图标。该值是库中影片剪辑或图形元件的链接标识符；没有默认值。

● label：设置按钮上文本的值，默认值是"Button"。

● labelPlacement：确定按钮上的标签文本相对于图标的方向。此参数可以是以下四个值之一：left、right、top 或 bottom，默认值为 right。

● selected：如果 toggle 参数的值是 true，则该参数指定按钮是处于按下状态 (true) 还是释放状态 (false)。默认值为 false。如果 toggle 参数的值是 false，给 selected 设置的参数将不起作用。

● toggle：将按钮转变为切换开关。如果值为 true，则按钮在单击后保持按下状态，并在再次单击时返回到弹起状态。如果值为 false，则按钮行为与一般按钮相同。默认值为 false。

● enabled：是一个布尔值，它指示组件是否可以接收焦点和输入。默认值为 true。

● visible：是一个布尔值，它指示对象是可见的(true)还是不可见的 (false)。默认值为 true。

● minHeight 和 minWidth 属性由内部的大小调整例程使用。这些属性在 UIObject 中定义，并可以根据需要被不同的组件覆盖。如果要为应用程序创建一个自定义布局管理器，则可以使用这两个属性。否则，在"组件"检查器中设置这些属性将不具有明显效果。

2．ComboBox(下拉列表框)组件

ComboBox 组件如图 11-9 所示，主要是用于选定不同的设置值：

● data：将一个数据值与 ComboBox 组件中的每一项相关联。该数据参数是一个数组。

● editable：确定 ComboBox 组件是可编辑的(true) 还是只是可选择的(false)。默认值为 false。

- labels：用一个文本值数组填充 ComboBox 组件。
- rowCount：设置列表中最多可以显示的项数。默认值为 5。
- restrict：指示用户可在组合框的文本字段中输入的字符集。默认值为 undefined。
- enabled：是一个布尔值，它指示组件是否可以接收焦点和输入。默认值为 true。
- visible：是一个布尔值，它指示对象是可见的 (true) 还是不可见的 (false)。默认值为 true。

图 11-9　ComboBox 组件

3．CheckBox(复选框)组件

CheckBox 组件如图 11-10 所示，是一个可以选中或取消选中的方框。当它被选中后，框中会出现一个复选标记。可以为复选框添加一个文本标签，并可以将它放在左侧、右侧、顶部或底部。

图 11-10　CheckBox 组件

- label：设置复选框上文本的值；默认值为 CheckBox。
- labelPlacement：确定复选框上标签文本的方向。此参数可以是以下四个值之一：left、right、top 或 bottom；默认值为 right。有关详细信息，请参阅 CheckBox.labelPlacement。
- selected：将复选框的初始值设置为选中 (true) 或取消选中 (false)。默认值为 false。

4．RadioButton(单选按钮)组件

RadioButton 组件如图 11-11 所示，如果需要让用户从一组选项中做出一个选择，可以使用单选按钮。例如，询问用户的性别。

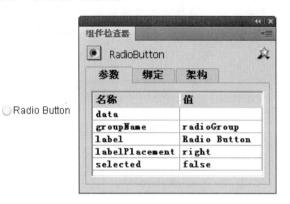

图 11-11　RadioButton 组件

- data：是与单选按钮相关的值。没有默认值。
- groupName：是单选按钮的组名称。默认值为 radioGroup。
- label：设置按钮上的文本值。默认值为 Radio Button(单选按钮)。
- labelPlacement：确定按钮上标签文本的方向。该参数可以是下列四个值之一：left、right、top 或 bottom。默认值为 right。有关详细信息，请参阅 RadioButton.labelPlacement。
- selected：将单选按钮的初始值设置为被选中 (true) 或取消选中 (false)。被选中的单选按钮中会显示一个圆点。一个组内只有一个单选按钮可以有表示被选中的值 true。如果组内有多个单选按钮被设置为 true，则会选中最后实例化的单选按钮。默认值为 false。

5．DateChooser(日期选择)组件

DateChooser：组件如图 11-12 所示，是一个允许用户选择日期的日历。它包含一些按钮，这些按钮允许用户在月份之间来回滚动并单击某个日期将其选中。可以设置指示月份和日名称、星期的第一天和任何禁用日期以及加亮显示当前日期的参数。

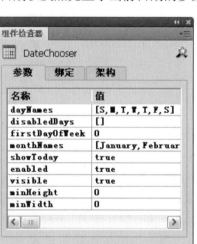

图 11-12　DateChooser 组件

● dayNames：设置一星期中各天的名称。该值是一个数组，其默认值为[S，M，T，W，T，F，S]。

● disabledDays：指示一星期中禁用的各天。该参数是一个数组，并且最多具有七个值。默认值为 [](空数组)。

● firstDayOfWeek：指示一星期中的哪一天(其值为 0～6，0 是 dayNames 数组的第一个元素)显示在日期选择器的第一列中。此属性更改日列的显示顺序。

● monthNames：设置在日历的标题行中显示的月份名称。该值是一个数组，其默认值为[January，February，March，April，May，June，July，August，September，October，November，December]。

● showToday：指示是否要加亮显示今天的日期。默认值为 true。

● enabled：是一个布尔值，它指示组件是否可以接收焦点和输入。默认值为 true。

● visible：是一个布尔值，它指示对象是可见的 (true) 还是不可见的 (false)。默认值为 true。

● minHeight 和 minWidth 属性由内部的大小调整例程使用。

6．Label(单行文本)组件

Label 组件如图 11-13 所示，作用是显示单行文本，通常用于标识网页上的其他某些元素或活动。可以指定标签采用 HTML 格式，以利用其文本格式的标签。还可以控制标签的对齐方式和大小。Label 组件没有边框、不能具有焦点，并且不广播任何事件。

图 11-13 Label 组件

● autoSize：指示如何调整标签的大小并对齐标签以适合文本。默认值为 none。参数可以是以下四个值之一：

none：指定不调整标签大小或对齐标签来适合文本。

left：指定调整标签的右边和底边的大小以适合文本。不会调整左边和上边的大小。

center：指定调整标签左边和右边的大小以适合文本。标签的水平中心锚定在它原始的水平中心位置。

right：指定调整标签左边和底边的大小以适合文本。不会调整上边和右边的大小。

内置 ActionScript TextField 对象的 autoSize 属性不同。

● html：指示标签是 (true) 否 (false)采用 HTML 格式。如果此参数设置为 true，则不能使用样式来设置标签的格式，但可以使用 font 标记将文本格式设置为 HTML。默认值为 false。

● text：指示标签的文本，默认值是 Label。

● visible：是一个布尔值，它指示对象是可见的 (true) 还是不可见的 (false)。默认值为 true。

● minHeight 和 minWidth 属性由内部的大小调整例程使用。

11.2.3　所有组件列表

如图 11-14 所示，ActionScript 2.0 内置四种组件类型，包括数据(Data)组件、媒体(Media)组件、用户界面(User Interface)组件和视频(Video)组件。

图 11-14　组件面板

1．Data 组件

Data 组件如表 11-1 所示。

表 11-1　Data 组件

组件	描　　述
DataHolder 组件	保存数据，并可用作组件之间的连接器
DataProvider API	数据线性访问列表的模型，它提供简单的用于广播数据更改的数组操作功能
DataSet 组件	一个构造块，用于创建数据驱动的应用程序
RDBMSResolver 组件	用于将数据保存回任何支持的数据源。此组件对 Web 服务、JavaBean、servlet 或 ASP 页可接收并分析的 XML 进行翻译
Web 服务类	允许访问使用简单对象访问协议 (SOAP) 的 Web 服务的类。这些类位于 mx.services 包中
WebServiceConnector 组件	提供对 Web 服务方法调用的无脚本访问
XMLConnector 组件	使用 HTTP GET 和 POST 方法来读写 XML 文档
XUpdateResolver 组件	用于将数据保存回任何支持的数据源。此组件将增量数据包翻译为 Xupdate

2．Media 组件

Media 组件如表 11-2 所列。

表 11-2　Media 组件

组件	描　　述
MediaController 组件	在应用程序中控制流媒体的回放（请参阅媒体组件）
MediaDisplay 组件	在应用程序中显示流媒体（请参阅媒体组件）
MediaPlayback 组件	MediaDisplay 和 MediaController 组件的结合（请参阅媒体组件）

3. User Interface 组件

User Interface 组件如表 11-3 所列。

表 11-3　User Interface 组件

组件	描　　述
Accordion 组件	一组垂直的互相重叠的视图，视图顶部有一些按钮，用户利用这些按钮可以在视图之间进行切换
Alert 组件	一个窗口，用于显示消息并提供捕获用户响应的按钮
Button 组件	一个大小可调整的按钮，可使用自定义图标来自定义
CheckBox 组件	允许用户进行布尔值选择(真或假)
ComboBox 组件	允许用户从滚动的选择列表中选择一个选项。该组件可以在列表顶部有一个可选择的文本字段，以允许用户搜索此列表
DataGrid 组件	允许用户显示和操作多列数据
DateChooser 组件	允许用户从日历中选择一个或多个日期
DateField 组件	一个不可选择的文本字段，并带有日历图标。当用户在组件的边框内单击时，Flash 会显示一个 DateChooser 组件
Label 组件	一个不可编辑的单行文本字段
List 组件	允许用户从滚动列表中选择一个或多个选项
Loader 组件	一个包含已载入的 SWF 或 JPEG 文件的区块
Menu 组件	一个标准的桌面应用程序菜单，允许用户从列表中选择一个命令
MenuBar 组件	水平的菜单栏
NumericStepper 组件	一个带有可单击箭头的文本框，单击箭头可增大或减小数字的值
ProgressBar 组件	显示一个过程(例如加载操作)的进度
RadioButton 组件	允许用户在相互排斥的选项之间进行选择
ScrollPane 组件	使用自动滚动条在有限的区域内显示影片剪辑、位图和 SWF 文件
TextArea 组件	一个可随意编辑的多行文本字段
TextInput 组件	一个可以随意编辑的单行文本输入字段
Tree 组件	允许用户处理分级信息
Window 组件	一个可拖动的窗口，带有标题栏、题注、边框、"关闭"按钮和内容显示区域
UIScrollBar 组件	允许将滚动条添加至文本字段

4．Video 组件

Video 组件比较特殊，它只含有一个类，就是 FLVPlayback，除此之外，都是 FLV 回放自定义用户界面组件。在第 9 章导入视频时，承载视频的就是 FLVPlayback。

FLVPlayback 组件是显示区域(或视频播放器)的组合，从中可以查看 FLV 文件以及允许对该文件进行操作的控件。FLV 回放自定义用户界面组件提供控制按钮和机制，可用于播放、停止、暂停 FLV 文件以及对该文件进行其他控制。这些控件包括 BackButton、BufferingBar、ForwardButton、MuteButton、PauseButton、PlayButton、PlayPauseButton、SeekBar、StopButton 和 VolumeBar。FLVPlayback 组件和 FLV 回放自定义用户界面控件显示在"组件"面板中，如图 11-15 所示。

图 11-15　Video 组件

11.3　ActionScript 3.0 环境下的组件

如图 11-16 所示，ActionScript 3.0 组件包括下列用户界面 (UI) 组件：Button、CheckBox、ColorPicker、ComboBox、DataGrid、Label、List、NumericStepper、ProgressBar、RadioButton、ScrollPane、Slider、TextArea、TextInput、TileList、UILoader、UIScrollBar。

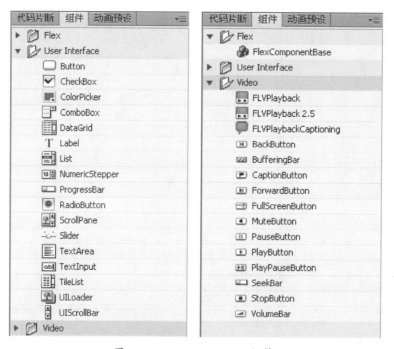

图 11-16　ActionScript 3.0 组件

除了用户界面组件，Flash ActionScript 3.0 组件还包括下列组件和支持类：

(1) FLVPlayback 组件 (fl.video.FLVPlayback)，它是基于 SWC 的组件。

FLVPlayback 组件可以轻松地将视频播放器包括在 Flash 应用程序中，以便通过 HTTP 从 Adobe Flash Video Streaming Service (FVSS) 或从 Adobe 的 Macromedia Flash Media Server (FMS) 播放渐进式视频流。

(2) FLVPlayback 自定义 UI 组件，基于 FLA，同时使用于 FLVPlayback 组件的 ActionScript 2.0 和 ActionScript 3.0 版本。有关详细信息，请参阅使用 FLVPlayback 组件。

(3) FLVPlayback Captioning 组件，为 FLVPlayback 提供关闭的字幕。请参阅使用 FLVPlayback 字幕组件。

(4) ActionScript 3.0 用户界面组件是具有内置外观的基于 FLA 的文件，您可以通过在舞台上双击组件访问此类文件以对其进行编辑。如图 11-17 所示，这种组件的外观及其他资源位于时间轴的第 2 帧上。双击这种组件时，Flash 将自动跳到第 2 帧并打开该组件外观的调色板。

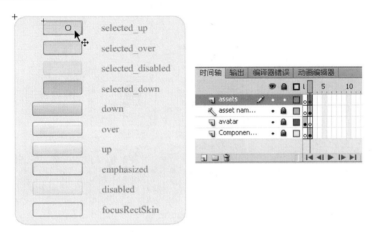

图 11-17　针对 Button 组件显示的外观调色板

11.3.1　组件的导入

1．使用"组件"面板向 Flash 文档添加组件

和 AS 2.0 的使用方法一样，可以直接在属性面板中，或者执行【文件】→【发布设置】命令，将"脚本"设置为"ActionScript 3.0"。接着，将组件从"组件"面板拖动到舞台上。然后，如图 11-18 所示，设置组件的属性。

2．使用 ActionScript 在运行时添加组件

要在运行时向文档中添加某个组件，要先将组件图标从"组件"面板拖到库中(或拖动到舞台后再删除，组件会自动添加到库中)。但 AS 3.0 导入组件的代码与 AS 2.0 不同。按下例在第一帧处填写代码，会在运行时如图 11-19 所示生成一个按钮组件。

当然，若还有其他属性需要设置时，可以 submitButton.x=200 为模板，按照"实例名.属性名=属性值；"的方式设置，当属性值为数值的时候，不做变化，当属性值为文本时，加双引号。

```
import fl.controls.Button;                   //载入 Button 类
var submitButton:Button=new Button();        //新建一个实例名为
submitButton 的按钮对象
addChild(submitButton);                      //将新建的对象添加到舞台
submitButton.x=200;                          //设置对象位置
submitButton.y=200;
submitButton.width=80;                       //设置对象大小
submitButton.height=30;
submitButton.label="提交按钮"                //设置对象的 label 标签
```

图 11-18　button 组件

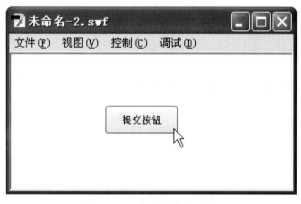

图 11-19　自动生成的组件

11.3.2　User Interface 组件

AS 3.0 的 UI 组件和 AS 2.0 的十分相似，但在程序调用上有所不同，以 Button 组件为例。Button 是许多表单和 Web 应用程序的基础部分。每当需要让用户启动一个事件时，都可以使用按钮实现。例如，大多数表单都有"提交"按钮。

1．与 Button 组件进行用户交互

Button 组件是一个可调整大小的矩形按钮，用户可以用鼠标或空格键将其按下以在应用程序中启动某个操作。可以给 Button 添加一个自定义图标。也可以将 Button 的行为从按下改为切换。在单击切换 Button 后，它将保持按下状态，直到再次单击时才会返回到弹起状态。

可以在应用程序中可以通过代码"按钮实例名.enabled=false; //禁用按钮"启用或者禁用按钮。在禁用状态下，按钮不接收鼠标或键盘输入。如果单击或者切换到处于启用状态的按钮，该按钮就会获得焦点。当一个 Button 实例具有焦点时，可以使用表 11-4 所列按键来控制它。

表 11-4　Button 的按键事件

键	说　明
Shift+Tab	将焦点移到前一个对象
空格键	按下或释放按钮并触发 click 事件
Tab	将焦点移到下一个对象
Enter/Return	如果按钮设置为 FocusManager 的默认 Button，则将焦点移到下一个对象

若要将应用程序中的某个按钮指定为默认的普通按钮(当用户按 Enter 键时接收单击事件的按钮)，请设置 FocusManager.defaultButton。例如，以下代码将默认按钮设置为名为 submitButton 的 Button 实例：

```
FocusManager.defaultButton = submitButton;
```

2．Button 组件参数

可以如图 11-20 所示，在"属性"检查器中为每个 Button 实例设置下列属性参数：emphasized、enabled、label、labelPlacement、selected、toggle 和 visible。其中每个参数都有对应的同名 ActionScript 属性。为这些参数赋值时，将设置应用程序中属性的初始状态。在 ActionScript 中设置的属性会覆盖在对应参数中设置的值。

3．创建具有 Button 组件的应用程序

以下过程解释了如何在创作时将 Button 组件添加到应用程序。在此示例中，当单击 Button 时会更改 ColorPicker 组件的状态。

(1) 创建一个新的 Flash (ActionScript 3.0) 文档。

(2) 将一个 Button 组件从"组件"面板拖到舞台上，并在"属性"中为该组件输入以下值：

输入实例名称"aButton"，为 label 参数输入"Show"。

图 11-20　设置 Button 组件属性

237

(3) 在舞台上添加 ColorPicker 组件，并为它指定实例名称"aCp"。

打开"动作"面板，在主时间轴中选择第 1 帧，然后输入以下 ActionScript 代码：

```
aCp.visible = false;
aButton.addEventListener(MouseEvent.CLICK, clickHandler);
function clickHandler(event:MouseEvent):void {
    switch(event.currentTarget.label) {
        case "Show": //使 ColorPicker 可见，并将 Button 的标签更改为 Disable。
            aCp.visible = true;
            aButton.label = "Disable";
            break;
        case "Disable": //禁用 ColorPicker,并将 Button 的标签更改为 Enable。
            aCp.enabled = false;
            aButton.label = "Enable";
            break;
        case "Enable": //启用 ColorPicker，并将 Button 的标签更改为 Hide。
            aCp.enabled = true;
            aButton.label = "Hide";
            break;
        case "Hide":使 ColorPicker 隐藏，并将 Button 的标签更改为 Show。
            aCp.visible = false;
            aButton.label = "Show";
            break;
    }
}
```

第二行代码将函数 clickHandler() 注册为 MouseEvent.CLICK 事件。 当用户单击 Button 时将发生该事件，从而使 clickHandler() 函数根据 Button 的值执行以下操作之一：

Show：ColorPicker 组件可见；

Disable：ColorPicker 组件禁用；

Enable：ColorPicker 组件启用；

Hide：ColorPicker 组件隐藏。

(4) 按【Ctrl+Enter】快捷键测试影片，如图 11-21 所示，运行此应用程序。

11.3.3　FLVPlayback 组件

FLVPlayback 组件的使用过程由两个步骤组成：第一步是将该组件放置在舞台上，第二步是指定一个供它播放的视频文件。除此之外，还可以设置不同的参数，以控制其行为并描述视频文件。

FLVPlayback 组件包括 FLV 播放自定义用户界面组件。FLVPlayback 组件是显示区域(或视频播放器)的组合，从中可以查看视频文件以及允许对该文件进行操作的控件。FLV 播放自定义用户界面组件提供控制按钮和机制，可用于播放、停止、暂停视频文件以及对该文件进行其他控制。这些控件包括 BackButton、BufferingBar、CaptionButton(用于 FLVPlaybackCaptioning)、ForwardButton、FullScreenButton、MuteButton、PauseButton、PlayButton、PlayPauseButton、SeekBar、StopButton 和 VolumeBar。如图 11-22 FLVPlayback 组件所示，FLVPlayback 组件和 FLV 播放自定义用户界面控件显示在"组件"面板中。在第 9 章中导入的影片实际上就是用的是 FLVPlayback 组件来播放的。

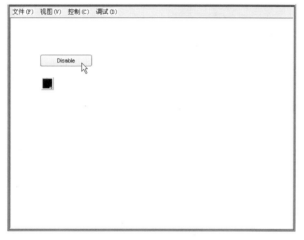

图 11-21　测试影片

图 11-22　FLVPlayback 组件

若想改变 FLVPlayback 组件的外观，可以如图 11-23 所示，通过设置 skin 属性来实现。

可以使用 ActionScript 设置外观参数，从而独立于外观的选择来指定颜色和 Alpha(透明度)值。

比如，若要选择"颜色"，请在面板中单击颜色样本或在文本框中输入数值；若要选择 Alpha 值，请使用滑块或在 Alpha 文本框中键入百分比值。

若要在运行时指定颜色和 Alpha 值，则在第一帧处填写如下命令。

```
my_FLVPlybk.skinBackgroundColor = 0xFF0000; //0xRRGGBB(红色、绿色、蓝色)值
my_FLVPlybk.skinBackgroundAlpha = .5; //0.0 到 1.0 之间的值
```

图 11-23　变更 FLVPlayback 组件外观

11.4　模板的使用

　　模板就是提前做好的 FLA 文件，直接拿来使用即可，如果觉得还有需要改变的地方，可自己动手进行进一步的修改。Flash 模板为常见项目提供了方便的起点。

　　相比以往的版本，Flash CS6 新增了很多模板，共有 AIR for Android、动画、范例文件、广告、横幅、媒体播放和演示文稿七大类模板。

11.4.1　AIR for Android 模板

　　(1) 如图 11-24 所示，执行【文件】→【新建】命令，单击"模板"选项卡。选择一个 AIR for Android 模板，然后单击"确定"。可以创建针对 Android 设备的应用。但若要开发 AIR for Android 应用程序，必须从 Adobe Labs 下载 Flash Professional CS6 for Android 扩展，同时还须从 Android 网站下载并安装 Android SDK。

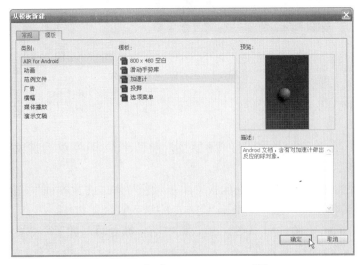

图 11-24　新建 AIR for Android 模板

(2) 如图 11-25 所示，使用 AIR for Android 中的"加速计"模板新建了一个 Flash 文档，它有"说明"、"动作"、"球"和"背景"四个层。其中，在"动作"层已经录入了一段 AS 3.0 代码，主要应用了 Accelerometer，即加速计，它可以使得目标加速运行。达到模拟重力条件下的滚动效果。对于支持重力感应的手机来说，是个不错的用户体验，可以应用到很多手机应用中。

图 11-25　查看 AIR for Android 模板

11.4.2　动画模板

(1) 如图 11-26 所示，执行【文件】→【新建】命令，单击"模板"选项卡。选择一个动画模板，然后单击【确定】。

(2) 如图 11-27 所示，可以看到很多有意思的动画，可以在实际项目中使用这些素材，如下雨、下雪等。也可以通过这些动画熟悉一些 Flash 的操作，如遮障、补间动画等。

11.4.3　范例文件模板

如图 11-28 所示，范例模板可以说是一个教学示范片，在这里可以找到许多常见的动画素材。

图 11-26　新建动画模板

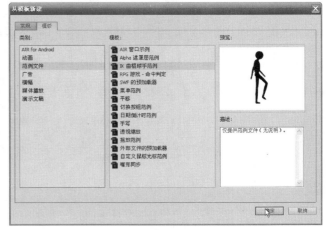

图 11-27　产看动画模板　　　　　　图 11-28　新建范例文件模板

11.4.4　广告模板

广告模板有助于创建由互动广告局(IAB)定义并被业界广泛接受的标准的丰富媒体类型和大小。有关 IAB 批准的广告类型的详细信息，请访问 IAB 站点 IAB.net。

在各种浏览器和平台的组合中测试广告的稳定性。如果应用程序不会导致错误信息、浏览器崩溃或系统崩溃，就可以认为它是稳定的。

应与网站管理员和网络管理员协同工作，以便制订出包括了与特定用户相关的任务的详细测试计划。应公开这些计划并且定期进行更新。供应商应发布详细的计划，指明它们的技术在哪些浏览器和平台组合中是稳定的。有关示例可在 IAB.net 的"IAB 丰富媒体"测试部分获得。　广告在文件大小和文件格式方面的要求可能会根据供应商和站点而有所不同。请咨询您的供应商、ISP 或 IAB，了解这些可能会影响广告设计的要求。

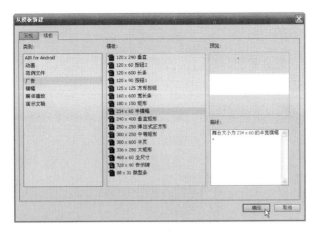

图 11-29 新建广告模板

11.4.5 横幅模板

如图 11-30 所示，横幅模板可以用于制作网页横幅等各种网络应用。

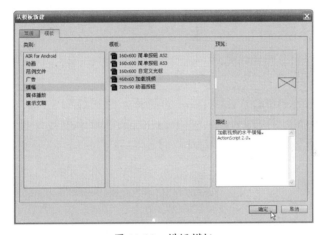

图 11-30 横幅模板

所以，在横幅模板中多有超链接等元素。如图 11-31 所示，在"468×60 加载视频"模板中，就使用 NetConnection 连接互联网，加载了一段网上的视频。并制作了一个和画布等大的透明按钮，用于连接超链接。

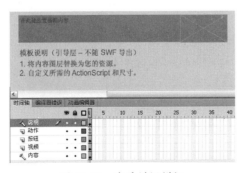

图 11-31 查看横幅模板

11.4.6 媒体播放

如图 11-32 所示，媒体播放可以直接按照不同播放制式来新建一个 Flash 文档。这几种播放制式分别是 HDTV、NTSC 和 PAL。

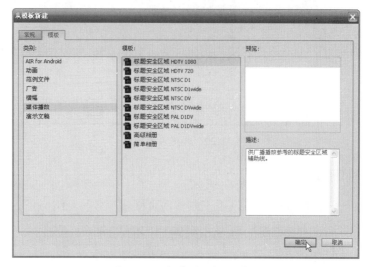

图 11-32 新建媒体播放模板

1．HDTV

HDTV 是 High Definition Television 的简称，翻译成中文是"高清晰度电视"的意思，HDTV 技术源之于 DTV(Digital Television)"数字电视"技术，HDTV 技术和 DTV 技术都是采用数字信号，而 HDTV 技术则属于 DTV 的最高标准，拥有最佳的视频、音频效果。

HDTV 屏幕纵横比为 16：9。音频输出为 5.1 声道(杜比数字格式)，同时能兼容接收其他较低格式的信号并进行数字化处理重放。

HDTV 有三种显示格式，分别是 720P(1280×720，非交错式，场频为 24、30 或 60)、1080 i(1920×1080，交错式，场频 60)、1080P(1920×1080，非交错式，场频为 24 或 30)，不过这从根本上说也只是继承模拟视频的算法，主要是为了与原有电视视频清晰度标准对应。对于真正的 HDTV 而言，决定清晰度的标准只有两个：分辨率与编码算法。其中网络上流传的以 720P 和 1080 i 最为常见。

2．NTSC

NTSC 是 National Television Standards Committee 的缩写，意思是"(美国)国家电视标准委员会"。是美国在 1953 年 12 月首先研制成功的，并以美国国家电视系统委员会的缩写命名。这种制式的色度信号调制特点为平衡正交调幅制，即包括了平衡调制和正交调制两种，虽然解决了彩色电视和黑白电视广播相互兼容的问题，但是存在相位容易失真、色彩不太稳定的缺点。NTSC 制电视的供电频率为 60Hz，场频为每秒 60 场，帧频为每秒 30 帧，扫描线为 525 行，图像信号带宽为 6.2MHz。

3．PAL

PAL 是英文 Phase Alteration Line 的缩写，意思是逐行倒相，也属于同时制。它是为了克服 NTSC 制对相位失真的敏感性，在 1962 年，由联邦德国在综合 NTSC 制的技术成就基础上研制出来的一种改进方案。它对同时传送的两个色差信号中的一个色差信号采用逐行倒相，另一个色差信号进行正交调制方式。

这样，如果在信号传输过程中发生相位失真，则会由于相邻两行信号的相位相反起到互相补尝作用，从而有效地克服了因相位失真而起的色彩变化。因此，PAL 制对相位失真不敏感，图像彩色误差较小，与黑白电视的兼容也好。

PAL 和 NTSC 制式区别在于节目的彩色编、解码方式和场扫描频率不同。中国(含香港地区)、印度、巴基斯坦等国家采用 PAL 制式，美国、日本、韩国以及中国台湾地区等采用 NTSC 制式。

PAL 与 NTSC 的区别电影放映的时候都是每秒 24 个胶片帧。而视频图像 PAL 制式每秒 50 场，NTSC 制是每秒 60 场，由于现在的电视都是隔行场，所以可以大概认为 PAL 制每秒 25 个完整视频帧，NTSC 制 30 个完整视频帧。

11.4.7　横幅模板

如图 11-31 所示，演示文稿模板可以使用 Flash 制作"PPT"。很显然，在交互性方面，Flash 中的演示文稿要比 Office 中的 PPT 好很多，但在制作难度方面，Flash 略难一些。

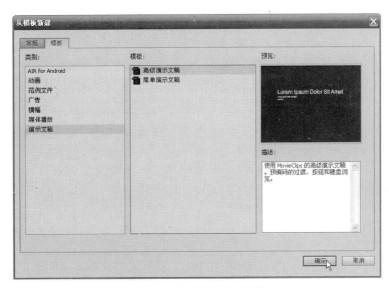

图 11-33　新建演示文稿模板

11.5　本章小结

从本质上说，组件就是影片剪辑。所不同的是，在这个影片剪辑中所用到的图片、声音、类等各种元素连同该影片剪辑自身都封装在一个 SWC 文件(其扩展名为.swc)中。同一个普通影片剪辑相比，组件之间可以被"绑定"，且被绑定的两个组件之间可以进行自动的数据通信和流入流出。使用组件最大的好处就在于它能减轻我们的工作负担。

模板，其实就是随着现代软件工业的发展，积累了一系列的关于版面大小的定义。这在印刷业也一样，比如 A4、B5、16 开这些耳熟能详的名词，它们事实上已经成为一种标准。像一体 A4，就是指 21cm×29.7cm。Flash 中的模板，就是软件中的一系列标准。习惯使用模板，在大企业、大项目的开发过程中会体会出它的优点。

11.6 实例练习

11.6.1 制作 AS2.0 组件动画：提交输入

（1）创建一个新文档，从"组件"面板中把一个 Label 组件拖放到舞台上，如图 11-34 所示，在"属性"面板中，将 text 参数的值改为"姓名"。

（2）以同样的方式，再从"组件"面板中拖出一个 Label 组件，放置到"姓名"Label 的下面，将其 text 参数改为"性别"。

（3）从"组件"面板中把一个 TextInput 组件拖放到舞台上，将其放置到"姓名"Label 的右边，如图 11-35 所示，在"属性"面板中赋予其实例名 userName。

图 11-34　组件检查器

图 11-35　赋予 TextInput 组件实例名

（4）从"组件"面板中把两个 RadioButton 组件拖放到舞台上，将它们水平排列，放置在"性别"Label 的右面。如图 11-36 所示，在"组件检查器"面板中，将其中一个 RadioButton 的 data 参数和 Label 参数都设为"男"，另一个都设为"女"。

注：RadioButton 组件的 data 参数存储的是该组件实例的值。

（5）从"组件"面板中把一个 Button 组件拖放到舞台上，将其放置到舞台的右下方，图 11-37 所示，在"属性"面板中赋予其实例名 submitButton。在"属性"面板中，将其 Label 参数的值设为"提交"。

（6）从"组件"面板中把一个 TextArea 组件拖放到舞台上，将其放置到"提交"Button 的下边，在"属性"面板中赋予其实例名 seeTA。最终，界面设计结果如图 11-38 所示。

图 11-36　设置 RadioButton 的参数 　　　　图 11-37　设置 submitButton 的参数

（7）界面设计完成后，开始编写脚本。把下面的脚本绑定到"提交"按钮上。

```
on(click)  //当鼠标单击事件发生时执行
{
    //定义字符串变量 userName，用于存放 textInput 组件中的值
    var userName:String=_root.userName.text;
    //定义字符串变量 userSex，用于存放两个 radioGroup 组件选择的值
    var userSex:String=_root.radioGroup.selection.data;
    //把结果输出到 TextArea 组件中
    _root.seeTA.text=userName+"是"+userSex+"孩。";
}
```

（8）脚本分析。

① on(click) {单击鼠标事件发生时要执行的代码} 非常简单，是第 10 章讲过的按钮事件。

② var userName:String=_root.userName.text;

这段代码翻译过来就是：定义(var)一个名为 userName 的字符串(String)变量，它的值等于主场景(_root)中 userName 这个对象的 text 值，也就是姓名输入框里输入的姓名。

③ var userSex:String=_root.radioGroup.selection.data;

这段代码表示：定义一个名为 userSex 的字符串变量，它的值等于主场景中，radioGroup 这个组的选择结果(selection.data)。

图 11-36 中有一个 groupName 参数，它的值是 radioGroup。也就是说"男"、"女"这两个 RadioButton 组件是同属于一个名为 radioGroup 的组，而这句程序就是要取得这个组的选择结果。

图 11-38　界面设计效果　　　　　　　图 11-39　测试结果

④ _root.seeTA.text=userName+"是"+userSex+"孩。";

这段代码翻译表示：主场景中一个名为 seeTA 的组件，它的值等于四段字符串链接起来，分别是变量 userName 的值"是"变量 userSex 的值"孩"。

(9) 按【Ctrl+Enter】快捷键测试结果，如图 11-39 所示，在姓名栏中输入"苏三"，然后选择"女"，单击"提交"，在最下面的文本框中会输出"苏三是女孩"。还可以换其他内容测试一下。

11.6.2　制作 AS3.0 组件动画：登陆界面

(1) 创建一个新文档，如图 11-40 所示，在颜色面板中设置设置填充方式为"径向渐变"，左侧颜色为#B4FFFF，右侧颜色为#004DB1，使用矩形工具在舞台上绘制一个与画布等大的矩形作为背景。

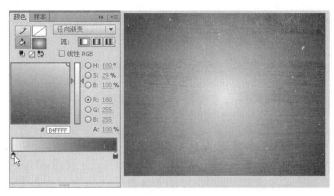

图 11-40　填充背景

(2) 如图 11-41 所示，选择矩形工具，设置填充颜色为白色，Alpha 值为 30%。矩形边角半径为 11.00。如图 11-42 所示，在舞台上绘制一个半透明矩形。

(3) 新建图层，如图 11-43 所示，在第一帧从"组件"面板中把两个 Label 组件，两个 TextInput 组件，两个 Button 组件共计 6 个组件拖放到舞台上，每个组件的属性值见表 11-5。

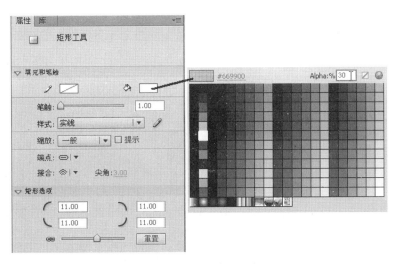

图 11-41　设置填充颜色

图 11-42　绘制半透明矩形　　　　图 11-43　拖入并设置组件

表 11-5　组件的属性

组件类型	实例名称	Label
Label	Name	名称:
Label	Password	密码:
TextInput	ID	
TextInput	PWD	
Button	Enter	确　定
Button	Reset	重　置

(4) 在第二帧，如图 11-44 所示，制作登陆成功画面。

(5) 在第三帧，如 11-45 所示，制作登陆失败画面。其中返回按钮的实例名称为"Return"，Label 值为"返回"。

图 11-44 制作登陆成功画面　　　　　图 11-45 登陆失败画面

(6) 新建一个图层，作为"动作"层，在该层的每一帧上输入如下 AS 3.0 代码：
第一帧代码：

```
stop();  //停止影片播放

//单击实例名称为 Enter 的按钮，调用函数 LoginAction
Enter.addEventListener(MouseEvent.CLICK, LoginAction);
//单击实例名称为 Reset 的按钮，调用函数 ResetAction
Reset.addEventListener(MouseEvent.CLICK, ResetAction);
//如果用户名和密码输入正确就跳转到第 2 帧，否则跳转到第 3 帧
function LoginAction(event:MouseEvent):void
{
        if (ID.text=="admin" && PWD.text=="123456")
        {
                gotoAndPlay(2);
        }
        else
        {
                gotoAndPlay(3);
        }
}
//清空用户名和密码文本框中的内容
function ResetAction(event:MouseEvent):void
{
        ID.text="" ;
        PWD.text="";
}
```

第二帧代码：

```
stop();//停止影片播放
```
    第三帧代码：
```
stop();  //停止影片播放

//单击实例名称为 Enter 的按钮
Return.addEventListener(MouseEvent.CLICK, ReturnAction);
//跳转到第 1 帧
function ReturnAction(event:MouseEvent):void
{
        gotoAndPlay(1);
}
```

(7) 按【Ctrl+Enter】快捷键测试影片，如图 11-46 所示，本案例制作了一个登陆界面，当用户名为"admin"并且密码为"123456"时，跳转到"登陆成功界面"，其他情况时跳转到"登陆失败界面"，并允许用户返回重新登陆。

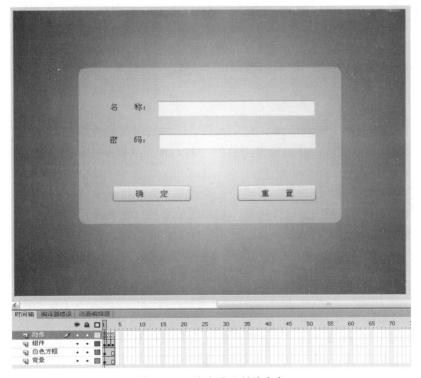

图 11-46 登陆界面制作完成

第 12 章　优化、发布和导出动画

制作 Flash 动画，是为了能够让大家观看，但很少会把 Flash 源文件直接拿出来，所以这就涉及到要把源文件发布成其他格式的视频文件。

学习要点：通过本章的学习，读者要熟练掌握以下内容：

* 掌握 Flash 中动画的优化。
* 掌握 Flash 中动画的发布。

12.1　优化动画

随着文档文件大小的增加，其下载和播放时间也会增加，这就会影响观影体验。所以，希望动画能以较小的文件大小，获得最佳的播放质量。在发布过程中，Flash 会自动对文档进行一些优化。在导出文档之前，可以使用多种策略来减小文件的大小，从而对其进行进一步的优化。也可以在发布时压缩 SWF 文件。

12.1.1　优化动画文件大小

(1) 对于每个多次出现的元素，使用元件、动画或者其他对象。

(2) 创建动画序列时，尽可能使用补间动画。补间动画所占用的文件空间要小于一系列的关键帧。

(3) 对于动画序列，使用影片剪辑而不是图形元件。

(4) 限制每个关键帧中的改变区域，在尽可能小的区域内执行动作。

(5) 避免使用动画式的位图元素，使用位图图像作为背景或者使用静态元素。

(6) 尽可能使用 MP3 这种占用空间最小的声音格式。

12.1.2　优化动画元素和线条

(1) 组合元素。

(2) 使用图层将动画过程中发生变化的元素与保持不变的元素分离。

(3) 执行【修改】→【形状】→【优化】命令，将用于描述形状的分隔线的数量降至最少。

(4) 限制特殊线条类型(如虚线、点线、锯齿线等)的数量。实线所需的内存较少，用"铅笔"工具创建的线条比用刷子笔触创建的线条所需的内存更少。

12.1.3　优化文本

(1) 限制字体和字体样式的数量。尽量少用嵌入字体，因为它们会增加文件的大小。

(2) 对于"嵌入字体"选项，只选择需要的字符，而不要包括整个字体。

12.1.4 对色彩的优化

(1) 使用元件属性检查器中的"颜色"菜单，可为单个元件创建很多不同颜色的实例。

(2) 使用"颜色"面板(执行【窗口】→【颜色】命令)，使文档的调色板与浏览器特定的调色板相匹配。

(3) 尽量少用渐变色。使用渐变色填充区域比使用纯色填充区域大概多需要 50 个字节。

(4) 尽量少用 Alpha 透明度，因为它会减慢回放速度。

12.2　发布动画

12.2.1 设置发布属性

执行【文件】→【发布设置】命令，可以如图 12-1 所示，弹出发布设置对话框。

图 12-1　指定 SWF 文件的发布设置

1. 发布格式

Flash 源文件的后缀名为 FLA，默认情况下，"发布"命令会创建一个 Flash SWF 文件和一个 HTML 文档。该 HTML 文档会将 Flash 内容插入到浏览器窗口中。

Flash Player 6 及更高版本都支持 Unicode 文本编码。使用 Unicode 支持，用户可以查看多语言文本，与运行播放器的操作系统使用的语言无关。

可以用替代文件格式(如 GIF 图像、JPEG 图像、PNG 图像、Win 放映文件和 Mac 放映文件)以及在浏览器窗口中显示这些文件所需的 HTML 发布 FLA 文件。对于尚未安装 Adobe Flash Player 的用户，替代格式可使他们在浏览器中浏览 SWF 文件动画并进行交互。用替代文件格式发布 Flash 文档(FLA 文件)时，每种文件格式的设置都会与该 FLA 文件一并存储。

可以用多种格式导出 FLA 文件，与用替代文件格式发布 FLA 文件类似，只是每种文件格式的设置不会与该 FLA 文件一并存储。

或者，使用任意 HTML 编辑器创建自定义的 HTML 文档，并在其中包括显示 SWF 文件所需的标签。

若要在发布 SWF 文件之前测试 SWF 文件的运行情况，请执行【控制】→【测试影片】和【控制】→【测试场景】命令。

2．指定 SWF 文件的发布设置

如图 12-1 所示，在 Flash 选项卡有数种设置，接下来详细介绍每种设置的功能。

(1) 设置目标和脚本。

① 从"目标"弹出菜单中选择播放器版本。

② 从"脚本"弹出菜单中选择 ActionScript 版本。如果选择 ActionScript 2.0 或 3.0 并创建了类，则单击 🔧 来设置类文件的相对类路径。

(2) 设置图像和音频品质

① 若要控制位图压缩，请调整"JPEG 品质"滑块或输入一个值。图像品质越低，生成的文件就越小；图像品质越高，生成的文件就越大。请尝试不同的设置，以便确定在文件大小和图像品质之间的最佳平衡点；值为 100 时图像品质最佳，压缩比最小。

② 若要使高度压缩的 JPEG 图像显得更加平滑，请选择"启用 JPEG 解块"。此选项可减少由于 JPEG 压缩导致的典型失真，如图像中通常出现的 8×8 像素的马赛克。选中此选项后，一些 JPEG 图像可能会丢失少量细节。

③ 若要为 SWF 文件中的所有声音流或事件声音设置采样率和压缩，请单击"音频流"或"音频事件"旁边的"设置"，然后如图 12-2 所示，根据需要选择相应的选项。

图 12-2　声音设置

注：只要前几帧下载了足够的数据，声音流就会开始播放；它与时间轴同步。事件声音需要完全下载后才能播放，并且在明确停止之前，将一直持续播放。

④ 若要覆盖在属性检查器的"声音"部分中为个别声音指定的设置，请选择"覆盖声音设置"。若要创建一个较小的低保真版本的 SWF 文件，请选择此选项。

注：如果选择了"覆盖声音设置"选项，则 Flash 会扫描文档中的所有音频流(包括导入视频中的声音)，然后按照各个设置中最高的设置发布所有音频流。如果一个或多个音频流具有较高的导出设置，则可能增加文件大小。

● 若要导出适合于设备(包括移动设备)的声音而不是原始库声音，请选择"导出设备声音"。

(3) 设置高级选项。

① 若要设置 SWF 设置，请选择下列任一选项：

● 压缩影片：(默认)压缩 SWF 文件以减小文件大小和缩短下载时间。当文件包含大量文本或 ActionScript 时，使用此选项十分有益。经过压缩的文件只能在 Flash Player 6 或更高版本中播放。

● 包括隐藏图层：(默认)导出 Flash 文档中所有隐藏的图层。取消选择"导出隐藏的图层"将阻止把生成的 SWF 文件中标记为隐藏的所有图层(包括嵌套在影片剪辑内的图层)导出。这样就可以通过使图层不可见来轻松测试不同版本的 Flash 文档。

● 包括 XMP 元数据：默认情况下，将在"文件信息"对话框中导出输入的所有元数据。单击"文件信息"按钮打开此对话框。也可以通过执行【文件】→【文件信息】命令，打开"文件信息"对话框。在 Adobe Bridge 中选定 SWF 文件后，可以查看元数据。

● 导出 SWC：SWC 文件用于分发组件。其包含一个编译剪辑、组件的 ActionScript 类文件，以及描述组件的其他文件。

② 若要使用高级设置或启用对已发布 Flash SWF 文件的调试操作，请选择下列任一选项：

● 生成大小报告：生成一个报告，按文件列出最终 Flash 内容中的数据量。

● 防止导入：防止其他人导入 SWF 文件并将其转换回 FLA 文档。可使用密码来保护 Flash SWF 文件。

● 省略 Trace 动作：使 Flash 忽略当前 SWF 文件中的 ActionScript Trace 语句。如果选择此选项，Trace 语句的信息将不会显示在"输出"面板中。有关详细信息，请参阅输出面板概述。

● 允许调试：激活调试器并允许远程调试 Flash SWF 文件。可让您使用密码来保护 SWF 文件。

③ 如果选择了"允许调试"或"防止导入"，则在"密码"文本字段中输入密码。如果添加了密码，则其他用户必须输入该密码才能调试或导入 SWF 文件。若要删除密码，清除"密码"文本字段。

④ 从"本地回放安全性"弹出菜单中，选择要使用的 Flash 安全模型。指定是授予已发布的 SWF 文件本地安全性访问权，还是网络安全性访问权。"只访问本地"可使已发布的 SWF 文件与本地系统上的文件和资源交互，但不能与网络上的文件和资源交互。"只访问网络"可使已发布的 SWF 文件与网络上的文件和资源交互，但不能与本地系统上的文件和资源交互。

⑤ 若要使 SWF 文件能够使用硬件加速，请从"硬件加速"菜单中选择下列选项之一：

● 第 1 级—直接："直接"模式通过允许 Flash Player 在屏幕上直接绘制，而不是让浏览器进行绘制，从而改善播放性能。

● 第 2 级—GPU：在"GPU"模式中，Flash Player 利用图形卡的可用计算能力执行视频播放并对图层化图形进行复合。根据用户的图形硬件的不同，这将提供更高一级的性能优势。如果受众拥有高端图形卡，则可以使用此选项。

如果播放系统的硬件能力不足以启用加速，则 Flash Player 会自动恢复为正常绘制模式。若要使包含多个 SWF 文件的网页发挥最佳性能，请只对其中的一个 SWF 文件启用硬件加速。在测试影片模式下不使用硬件加速。

⑥ 若要设置脚本在 SWF 文件中执行时可占用的最大时间量，请在"脚本时间限制"中输入一个数值。Flash Player 将取消执行超出此限制的任何脚本。

3．其他格式文件的发布设置

(1) GIF 文件。如图 12-3 所示，在指定 GIF 文件的发布设置中，两个比较重要的设置是：

① 播放："静态"还是"动态"，如果是发布 GIF 动画，应当选择"动态"。

② 透明：有时制作 GIF 文件是要向其他软件中导入，这时候最好选择为"透明"。

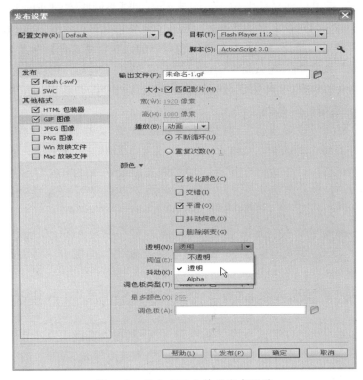

图 12-3　指定 GIF 文件的发布设置

(2) JPEG 文件。如图 12-4 所示，在指定 JPEG 文件的发布设置中，最重要的设置就是选择画面质量，数值越大(最大 100)，画面质量越好，当然发布的文件也就越大。

(3) PNG 文件。如图 12-5 所示，在指定 PNG 文件的发布设置中，最重要的设置就是位深度，其实也是选择画面质量，位数越大，画面质量越好。特别是"24 位 Alpha"说明它是支持透明度的。

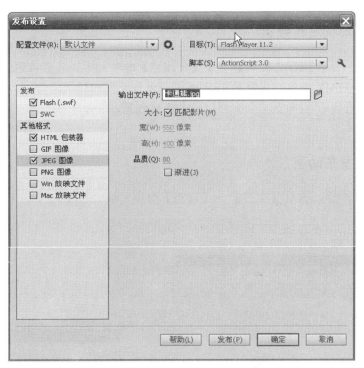

图 12-4　指定 JPEG 文件的发布设置

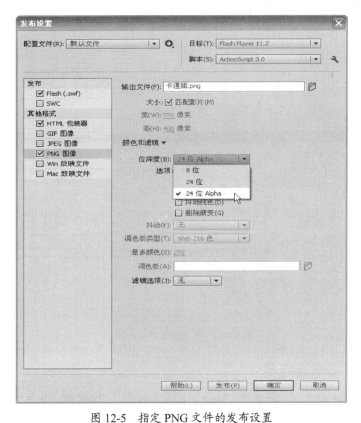

图 12-5　指定 PNG 文件的发布设置

12.2.2 预览发布效果

如图 12-6 所示，执行【文件】→【发布预览】命令，然后选择希望发布的格式，这里默认的是用 HTML 方式，也就是用 Web 浏览器预览发布效果。

需要注意的是，"发布预览"能够以什么方式预览，取决于在"发布设置"中设置什么样的发布格式。

12.2.3 发布动画

如图 12-7 所示，执行【文件】→【发布】命令，或者按【Shift＋F12】快捷键就可以发布动画了。

图 12-6　发布预览

图 12-7　发布

12.3　导 出 动 画

12.3.1 导出图像

如图 12-8 所示，执行【文件】→【导出】→【导出图像】命令，可以将 Flash 文件作为图像导出。可以导出的图像格式如图 12-9 所示。

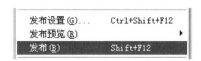

图 12-8　导出图像

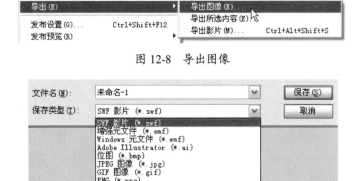

图 12-9　导出图像可选格式

12.3.2 导出所选内容

先在 Flash 文档中选择一个元素，然后如图 12-10 所示，执行【文件】→【导出】→【导出所选内容】命令，可以将被选的元素导出成一个 fxg 文件。

图 12-10　导出所选内容

12.3.3　导出影片

执行【文件】→【导出】→【导出影片】命令，可以将 Flash 文件作为影片导出。可以导出的影片格式如图 12-11 所示。

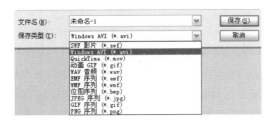

图 12-11　导出影片可选格式

12.4　本章小结

优化和发布，是完成一件 Flash 作品的最后一步，常说"不要输在起跑线"上，说明开好头的重要性。但更不能"输在终点线上"。如果前面的工作做的都非常完美，只在最后一步晚节不保，那所有的努力都功亏一篑。

优化的本质其实就是平衡，希望 Flash 动画画质清晰、颜色饱满、播放流畅，但要求越高，文件会越大。对网络带宽、系统资源要求高，在尽可能少损失画质的情况下完成 Flash 文件的瘦身，即优化。

发布与导出，除了默认的文件格式外，Flash 正在支持越来越多的文件格式，这为不同平台、不同软件直接交互数据起到了非常重要的作用。相互支持的趋势已然是时代的主流。

12.5　实例练习

根据本章所讲，可以将前几章做过的实例分别优化一下，优化后导出成不同格式的文件。

第 13 章 综合实例

本章将介绍一个简单的全 Flash 网站的制作过程，通过此实例可以进一步了解 Flash 的综合应用，并对 Flash 网站的制作有一个初步的认识。

13.1 Flash 网站介绍

Flash 网站设计是指用 Flash 软件制作的动态网站，网页内容多数甚至全部是 Flash。全 Flash 网站基本以图形和动画为主，所以比较适合做那些文字内容不太多，以平面、动画效果为主的应用。如企业品牌推广、特定网上广告、网络游戏、个性网站等。 Flash 网站具有设计精美，拥有更多声效、动画、流媒体剪辑、美术效果及兼顾互动性等特征，非常适合公司作在线产品展示。

实现全 Flash 网站效果多种多样，但基本原理相同：将主场景作为一个"舞台"，这个舞台提供标准的长宽比例和整个的版面结构，"演员"就是网站子栏目的具体内容，根据子栏目的内容结构可能会再派生出更多的子栏目。主场景作为"舞台"基础，基本保持自身的内容不变，其他"演员"身份的的子类、次子类内容根据需要被导入到主场景内。

制作全 Flash 网站和制作 HTML 网站类似，事先应先在纸上画出结构关系图，包括网站的主题、要用什么样的元素、哪些元素需要重复使用、元素之间的联系、元素如何运动、用什么风格的音乐、整个网站可以分成几个逻辑块、各个逻辑块间的联系如何、以及你是否打算用 Flash 建构全站还是只用其做网站的引导部分等，都应在考虑范围之内。

13.2 系 统 实 现

本实例将制作一个按钮，Flash 按钮不但可以实现动态的效果，还可以实现访问者与动画的互动，特别是在 Flash 网站的制作中有着重要的作用。最终效果如图 13-1 所示。

执行【文件】→【新建】命令，弹出"新建文档"对话框，新建一个 Flash 文档(ActionScript2.0)。单击"属性"面板上的"大小"右侧的🔧按钮，弹出"文档属性"对话框，设置"尺寸"为 1000 像素×700 像素，其他为默认，如图 13-2 所示。

13.2.1 制作通用元件

网站内有一部分内容会在多个页面中同时使用，在 Flash 中将这部分内容制作成元件，可以多次调用。这样可以减少重复制作的内容，提高制作效率。更重要的是可以有效减小 Flash 的大小。

图 13-1　最终效果图

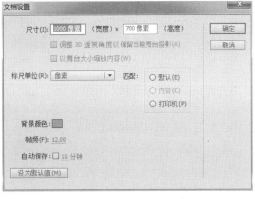
图 13-2　设置"文档属性"

1．Logo 的制作

（1）新建影片剪辑"logo"，导入图片"logo01.png"、"logo02.png"、"logo03.png"，分别放在三个不同图层内，并调整花瓣位置，组成如图 13-3 所示图形。

分别在三个图层的第 30 帧插入关键帧，并创建补间动画。分别选择"logo01.png"、"logo02.png"所在图层的第一帧，将花瓣缩小如图 13-4 所示。

图 13-3　花瓣效果

图 13-4　花瓣缩小效果

在第 30 帧插入动作"stop();"使元件运行到该帧停止。

这样就制作出了花朵盛开的效果。

（2）新建影片剪辑"title"，将元件"logo"放入图层内。导入图片"Flash shopping.png"、"Electronic Commerce With Pleasure.png"，分别放在不同的图层内，并调整位置，组成如图 13-5 所示效果。最终效果如图 13-6 所示。

图 13-5　title 效果

图 13-6　logo 效果

2．导航栏的制作方法

本例的导航为灯的造型，所以将按钮设计为开灯的造型。

（1）新建按钮元件"首页"，导入图片"light01.png"、"light02.png"，分别放置在"弹起"帧和"指针经过"帧内，并调整位置，使两图完全重合。在"单击"帧插入帧。

新建图层，在"指针经过"帧插入静态文字"首页"，设置文字属性如图 13-7 所示。

为文字设置滤镜效果，如图 13-8 所示。

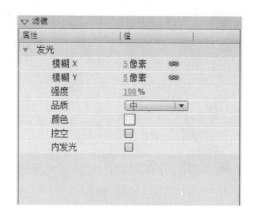

图 13-7　导航文字属性　　　　　　　　图 13-8　导航文字滤镜

以相同的方式分别制作按钮元件"产品浏览"、"服务支持"、"加入我们"、"企业介绍"。

(2) 新建影片剪辑"light"，将以上五个按钮元件按从左到右的顺序，分别放入不同的图层内。并调整位置，组成如图 13-9 所示样式。

分别在五个图层的第 5 帧插入关键帧，并创建补间动画。将五个图层的第 1 帧内的按钮元件调整到如图 13-10 所示样式。

图 13-9　导航元件位置　　　　　　　　图 13-10　导航元件初始位置

移动上面四个图层的帧到如图 13-11 所示位置。形成五个灯按顺序下降的效果。

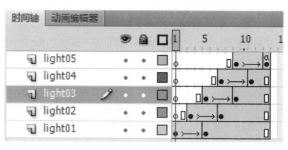

图 13-11　导航栏时间轴

在第 13 帧插入动作"stop();"使元件运行到该帧停止。

(3) 选择图层"light01"上第 5 帧内的元件，单击右键打开动作面板，插入动作：

```
on (release) {
    _root.gotoAndStop(1);}
```

选择图层"light02"上第 7 帧内的元件，单击右键打开动作面板，插入动作：

```
on (release) {
```

```
    _root.gotoAndStop(2);}
```

选择图层"light03"上第 9 帧内的元件，单击右键打开动作面板，插入动作：

```
on (release) {
    _root.gotoAndStop(3);}
```

选择图层"light04"上第 11 帧内的元件，单击右键打开动作面板，插入动作：

```
on (release) {
    _root.gotoAndStop(4);}
```

选择图层"light05"上第 13 帧内的元件，单击右键打开动作面板，插入动作：

```
on (release) {
    _root.gotoAndStop(5);}
```

导航栏最终效果如图 13-12 所示。

图 13-12　导航栏最终效果

3. 顶部菜单的制作方法

(1) 新建按钮元件"button"，在"指针经过"帧内插入关键帧，使用矩形工具制作一个宽度为 60，高度为 15 的矩形，填充色为"#FFFFFF"，Alpha 值为 30%，属性如图 13-13 所示。在"单击"帧内插入帧。这样就制作出一个透明按钮。

(2) 新建图形元件"c_us"。导入图片"c_us.png"，并放置在舞台上，属性如图 13-14 所示。

图 13-13　透明按钮背景属性

图 13-14　顶部菜单属性

(3) 在元件内新建图层"button"，拖入三个透明按钮"button"到舞台上，分别覆盖下层图形内的三组单词，如图 13-15 所示。以达到当鼠标悬停文字的时候，有按钮事件响应的效果。

顶部菜单最终效果如图 13-16 所示。

图 13-15　菜单添加按钮效果

图 13-16　顶部菜单最终效果

4. Copytight 的制作方法

(1) 新建图形元件"footer"。导入图片"copyright.png"，并放置在舞台上，属性如图 13-17 所示。

图 13-17　copyright 图片属性

(2) 在元件内新建图层"copyright"，在第一行输入网页的菜单，文字属性如图 13-18 所示。在第二行和第三行输入版权信息等内容。其中，中文字体大小为 12，英文和数字字体大小为 10，颜色为白色。文字属性如图 13-19 所示。显示效果如图 13-20 所示。

图 13-18　copyright 文字属性 1

图 13-19　copyright 文字属性 2

图 13-20　copyright 文字效果

(3) 在元件内新建图层"button"，将拖入五个透明按钮"button"到舞台上，分别覆盖下层图形内的五组单词，如图 13-21 所示。以达到当鼠标悬停文字的时候，有按钮事件响应的效果。

图 13-21　copyright 添加按钮效果

(4) 新建图形元件"footer_index"，使用矩形工具制作一个宽度为 925，高度为 65 的矩形，填充色为"#5c2165"，Alpha 值为 50%，圆角半径为 10。属性如图 13-22 所示。新建图层"footer"，将图形元件"footer"拖入舞台中，与背景图形居中对齐。效果如图 13-23 所示。

图 13-22 footer_index 背景图属性

图 13-23 footer_index 效果

使用同样的方法，制作"footer_sub1"、"footer_sub2"、"footer_sub3"、"footer_sub4"，矩形的填充色分别为"#5c2165"、"#212c65"、"#721b2e"、"#794b0e"。

Copyright 最终效果如图 13-24 所示。

图 13-24 Copyright 最终效果

13.2.2 制作首页

(1) 执行【文件】→【导入】→【导入到库】命令，将"index.psd"导入到库中，相关设置如图 13-25 所示。库中会建立一个名叫"index.psd"的图形元件，打开图形元件，设计好的网页元素会分布到不同图层内，如图 13-26 所示。

将库中的图形元件"index.psd"转换为影片剪辑，并重命名为"index"。

(2) 选择图层文件夹"contents"，这样就选中了"contents"内所有图层上的图形，然后执行【修改】→【转换为元件】命令，将这些图形转换为元件，元件类型为影片剪辑，命名为"contents"。删除图层文件夹"contents"内其余空图层，并将元件"contents"所在图层重命名为"contents"。

双击进入元件"contents"内，选择图层"图层 1"，在选中的图形上单击右键，然后选择【分散到图层】命令，将所有图形分散到不同图层上。删除空图层。

图 13-25 index 图层导入

图 13-26 index 图层

① 选择图层"bullet_1",在第 13 帧插入关键帧。选择第 1 帧上的图形,单击右键转换为元件,元件类型为影片剪辑,命名为"bullet"。双击元件"bullet" 进行编辑,在第二帧插入空白关键帧,如图 13-27 所示。

返回元件"contents"内,选择图层"bullet_1",分别在第 5 帧和第 10 帧插入关键帧,并在两帧之间创建补间动画。选择第 10 帧内的元件,向右平移 110 个像素。

图 13-27 bullet 关键帧

② 选择图层"Before&After",将第 1 帧(关键帧)移动到第 5 帧。在图层"Before&After"上面插入新图层,命名为"mask"。在新图层的第 5 帧插入关键帧,使用"矩形工具"制作一个能覆盖图层"Before&After"内图形的矩形,填充色任意,如图 13-28 所示。在第 11 帧插入关键帧,并创建补间动画。选择第 6 帧内的矩形,移动到左边,如图 13-29 所示。将此图层设置为遮罩层。

图 13-28 Before&After 遮罩

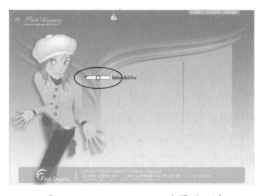

图 13-29 Before&After 遮罩移动前

③ 选择图层"line"，将第 1 帧(关键帧)移动到第 14 帧。

④ 选择图层"frame"，将第 1 帧(关键帧)移动到第 16 帧。在第 21 帧插入关键帧，并创建补间动画。选择第 16 帧上的元件，设置其"alpha"值为 0%，如图 13-30 所示。

⑤ 选择图层"text"，将第 1 帧(关键帧)移动到第 23 帧。

⑥ 选择图层"bullet"，将第 1 帧(关键帧)移动到第 26 帧。在第 38 帧插入关键帧。选择第 26 帧上的图形，单击右键转换为元件，元件类型为影片剪辑，命名为"bullet01"。双击元件"bullet01"进行编辑，在第二帧插入空白关键帧。如图 13-31 所示。

图 13-30　元件 frame 属性

图 13-31　bullet01 关键帧

返回元件"contents"内，选择图层"bullet"，分别在第 30 帧和第 35 帧插入关键帧，并在两帧之间创建补间动画。选择第 35 帧内的元件，向右平移 80 个像素。

⑦ 选择图层"Quickview"，将第 1 帧(关键帧)移动到第 30 帧。在图层"Quickview"上面插入新图层，命名为"mask"。在新图层的第 30 帧插入关键帧，使用"矩形工具"制作一个能覆盖图层"Quickview"内图形的矩形，填充色任意，如图 13-32 所示。

在第 35 帧插入关键帧，并创建补间动画。选择第 30 帧内的矩形，移动到左边，如图 13-33 所示。将此图层设置为遮罩层。

图 13-32　Quickview 遮罩

图 13-33　Quickview 遮罩移动前

⑧ 选择图层"bg_1"，将第 1 帧(关键帧)移动到第 39 帧。在图层"bg_1"上面插入新图层，命名为"mask"。在新图层的第 39 帧插入关键帧，使用"矩形工具"制作一个正方形，宽度为 63.4，高度为 63.4，填充色任意，使之能覆盖图层"bg_1"内图形中第一个方块，如图 13-34 所示。将此图层设置为遮罩层。

⑨ 选择此正方形，单击右键转换为元件，元件类型为影片剪辑，命名为"mask_contents1"。双击元件"mask_contents1"进行编辑。

在元件"mask_contents1"内，将"图层 1"重命名为"mask1"，并将图层上的正方形转换为元件，命名为"mask_contents2"。

新建图层，命名为"mask2"。将元件"mask_contents2"拖入舞台，并覆盖图层"bg_1"(上一级元件内)内图形中第二个方块，如图 13-35 所示。

图 13-34　bg_1 遮罩 1　　　　　　图 13-35　bg_1 遮罩 2

以此类推，新建图层"mask3"和"mask4"，分别放置元件"mask_contents2"覆盖第三个和第四个方块，如图 13-36 所示。

图 13-36　bg_1 遮罩

选择图层"mask1"，在第 5 帧插入关键帧，并创建补间动画。选择第 1 帧内的元件，设置其"宽度"和"高度"值为"1"，如图 13-37 所示。

依照相同的方法，为图层"mask2"、"mask3"、"mask4"制作补间动画，并移动图层"mask2"、"mask3"、"mask4"内的帧到如图 13-38 所示位置。

选择图层"mask4"的第 14 帧(关键帧)，插入动作"stop();"使元件运行到该帧停止。

⑩ 返回元件"contents"内，选择图层"menu"，将第 1 帧(关键帧)移动到第 56 帧。

图 13-37　图层 mask1 元件属性

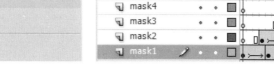

图 13-38　mask_contents1 时间轴效果

⑪ 选择图层"bg"，将第 1 帧(关键帧)移动到第 59 帧。在第 64 帧插入关键帧，并创建补间动画。选择第 59 帧的元件，设置其"alpha"值为 0%，如图 13-39 所示。

⑫ 选择图层"icon01"，将第 1 帧(关键帧)移动到第 64 帧。在第 69 帧插入关键帧，并创建补间动画。选择第 64 帧的元件，设置其"宽度"和"高度"值为"1"，如图 13-40 所示。

图 13-39　图层 bg 元件属性

图 13-40　图层"icon01"元件属性

⑬ 选择图层"happy product"，将第 1 帧(关键帧)移动到第 71 帧。

⑭ 选择图层"icon02"，将第 1 帧(关键帧)移动到第 78 帧。在第 83 帧插入关键帧，并创建补间动画。选择第 78 帧的元件，设置其"宽度"和"高度"值为"1"，如图 13-41 所示。

图 13-41　图层"icon02"元件属性

⑮ 选择图层"best product"，将第 1 帧(关键帧)移动到第 85 帧。在此元件内其他图层的第 85 帧插入帧。

⑯ 新建图层"action"，在第 85 帧插入关键帧，并插入动作：

```
stop();
_root.index.play();
```

使元件运行到该帧停止，并使元件"index"运行。

元件"contents"的时间轴如图 13-42 所示。

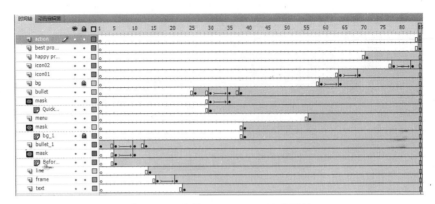

图 13-42　元件 "contents" 的时间轴

(3) 返回元件 "index" 内，选择图层文件夹 "RIGHT"，这样就选中了 "RIGHT" 内所有图层上的图形，单击菜单栏中的【修改】→【转换为元件】命令，将这些图形转换为元件，元件类型为影片剪辑，命名为 "right"。删除图层文件夹 "RIGHT" 内其余空图层，并将元件 "right" 所在图层重命名为 "right"。

· 双击进入元件 "right" 内，选择图层 "图层 1"，在选中的图形上单击右键，然后选择【分散到图层】命令，将所有图形分散到不同图层上。删除空图层。

① 在元件 "right" 内，选择图层 "bg"，在第 10 帧插入关键帧，并创建补间动画。选择第 1 帧上的元件，设置其 "alpha" 值为 0%，效果如图 13-43 所示。

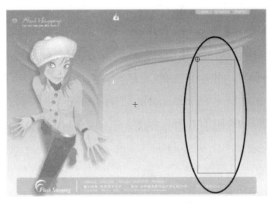

图 13-43　元件 "right" 背景属性

② 选择图层 "clients"，将第 1 帧(关键帧)移动到第 11 帧。在图层 "clients" 上面插入新图层，命名为 "mask"。在新图层的第 11 帧插入关键帧，使用 "矩形工具" 制作一个能覆盖图层 "clients" 内图形中文字标题 "clients" 的矩形，填充色任意，如图 13-44 所示。将此图层设置为遮罩层。

③ 选择此矩形，单击右键转换为元件，元件类型为影片剪辑，命名为 "mask_right"。双击元件 "mask_right" 进行编辑。

在元件 "mask_right" 内，将 "图层 1" 重命名为 "Layer 1"，在第 5 帧插入关键帧，并创建补间动画。选择第 1 帧内的矩形，移动到文字标题 "clients" 上边，如图 13-45 clients 遮罩上移所示。

图 13-44　clients 遮罩

图 13-45　clients 遮罩上移

在图层"Layer 1"上面插入新图层，命名为"Layer 2"。在新图层的第 6 帧插入关键帧，使用"矩形工具"制作一个矩形，填充色任意，使之能覆盖图层"clients"内图形中的文字标题"clients"下面第一行文字，如图 13-46 所示。

在第 10 帧插入关键帧，并创建补间动画。选择第 6 帧内的矩形，移动到文字左边，如图 13-47 所示。

图 13-46　Layer 2 内矩形

图 13-47　Layer 2 内矩形左移

在图层"Layer 2"上面插入新图层，命名为"Layer 3"。在新图层的第 11 帧插入关键帧，使用"矩形工具"制作一个矩形，填充色任意，使之能覆盖图层"clients"内图形中的文字标题"clients"下面第二行文字，如图 13-48 所示。

在第 15 帧插入关键帧，并创建补间动画。选择第 11 帧内的矩形，移动到文字左边，如图 13-49 所示。

新建图层"action"，在第 15 帧插入关键帧，并插入动作"stop();"使元件运行到该帧停止。

元件"mask_right"的时间轴如图 13-50 所示。

④ 返回元件"right_index"内，选择图层"partners"，将第 1 帧(关键帧)移动到第 11 帧。在图层"partners"上面插入新图层，命名为"mask"。在新图层的第 11 帧插入关键帧，将刚制作好的元件"mask_right"拖入舞台内，放置图层"partners"内图形中文字标题"partners"的上方，如图 13-51 所示。将此图层设置为遮罩层。

图 13-48　Layer 3 内矩形

图 13-49　Layer 3 内矩形左移

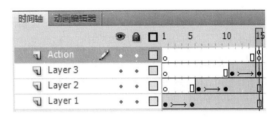

图 13-50　元件"mask_right"的时间轴

⑤ 选择图层"contact us",将第 1 帧(关键帧)移动到第 11 帧。在图层"contact us"上面插入新图层,命名为"mask"。在新图层的第 11 帧插入关键帧,将刚制作好的元件"mask_right"拖入舞台内,放置图层"contact us"内图形中文字标题"contact us"的上方,如图 13-52 所示。将此图层设置为遮罩层。

图 13-51　partners 遮罩

图 13-52　contact us 遮罩

⑥ 选择图层"icon01",将第 1 帧(关键帧)移动到第 27 帧。在第 32 帧插入关键帧,并创建补间动画。选择第 27 帧的元件,设置其"宽度"和"高度"值为"1",如图 13-53 所示。

⑦ 选择图层"icon02",将第 1 帧(关键帧)移动到第 30 帧。在第 35 帧插入关键帧,并创建补间动画。选择第 30 帧的元件,设置其"宽度"和"高度"值为"1",如图 13-54 所示。

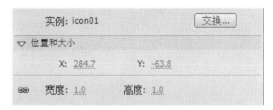

图 13-53　图层 "icon01" 元件属性　　　　　图 13-54　图层 "icon02" 元件属性

⑧ 选择图层 "icon03"，将第 1 帧(关键帧)移动到第 33 帧。在第 38 帧插入关键帧，并创建补间动画。选择第 33 帧的元件，设置其 "宽度" 和 "高度" 值为 "1"，如图 13-55 所示。

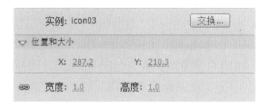

图 13-55　图层 "icon03" 元件属性

⑨ 新建图层 "action"，在第 38 帧插入关键帧，并插入动作 "stop();" 使元件运行到该帧停止。

元件 "right_index" 的时间轴如图所示。

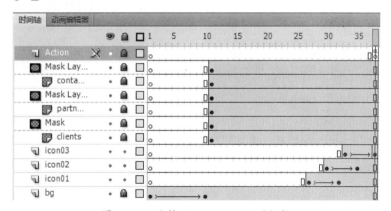

图 13-56　元件 "right_index" 时间轴

(4) 编辑影片剪辑 "index"，选择图层 "logo"，将已经做好的通用元件 "title" 替换图层 "logo" 内的图形，并使位置与原图相同。在第 16 帧插入关键帧，并创建补间动画。选择第 1 帧的元件，设置其 "alpha" 值为 1%，如图 13-57 所示。

① 新建图层 "footer"，在第 7 帧插入关键帧。将已经做好的元件 "footer_index" 放入舞台内，与图层文件夹 "Copyright" 内图形重合。在第 10 帧插入关键帧，并创建补间动画。选择第 7 帧内的元件，向下移动到舞台下边缘外，并设置其 "alpha" 值为 0%，如图所示。删除图层文件夹 "Copyright"。

图 13-57　元件"title"alpha属性　　　　图 13-58　元件"footer_index"位置

②　选择图层"left_line"，将第 1 帧(关键帧)移动到第 11 帧。在图层"left_line"上面插入新图层，命名为"mask_left_line"。在图层"mask_left_line"的第 11 帧插入关键帧，使用"矩形工具"制作一个能覆盖图层"left_line"内图形的矩形，填充色任意，如图 13-59 所示。在第 13 帧插入关键帧，并创建补间动画。选择第 11 帧内的矩形，移动到右边，如图 13-60 所示。将此图层设置为遮罩层。

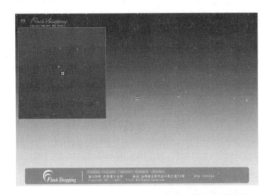

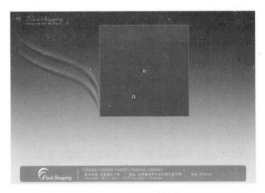

图 13-59　"mask_left_line"遮罩起始位置　　　图 13-60　"mask_left_line"遮罩最终位置

③　选择图层"girl"，将第 1 帧(关键帧)移动到第 19 帧。在第 23 帧插入关键帧，并创建补间动画。选择第 19 帧的元件，设置其"alpha"值为 0%，如图 13-61 所示。

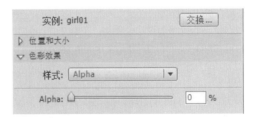

图 13-61　图层"girl"元件 alpha 属性

④　选择图层"right_line"，将第 1 帧(关键帧)移动到第 23 帧。

⑤　新建图层"light"，在第 26 帧插入关键帧。将已经做好的通用元件"light"放入舞台内，与图层文件夹"light01"内图形重合后再向上移动 45 个像素，如图 13-62 所示。

删除图层文件夹"light01"、"light02" 、"light03" 、"light04" 、"light05"。

⑥ 新建图层"c_us"，在第 42 帧插入关键帧。将已经做好的通用元件"c_us"放入舞台内，与图层文件夹"Top_menu"内图形重合。在第 44 帧插入关键帧，并创建补间动画。选择第 42 帧内的元件，向上移动到舞台上边缘外，如图 13-63 所示。删除图层文件夹"Top_menu"。

图 13-62　元件"light"位置

图 13-63　元件"c_us"位置

⑦ 选择图层"content_bg"，将第 1 帧(关键帧)移动到第 44 帧。在第 47 帧插入关键帧，并创建补间动画。选择第 44 帧的元件，设置其"alpha"值为 0%，如图 13-64 所示。

⑧ 选择图层"contents"，将第 1 帧(关键帧)移动到第 52 帧。在该关键帧上插入动作"stop();"使元件"index"运行到该帧停止。等待影片剪辑"contents"运行到最后一帧时，通过"contents"内的动作"_root.index.play();"使元件"index"继续运行。

⑨ 选择图层"right"，将第 1 帧(关键帧)移动到第 54 帧，将制作好的元件"right_index"放入舞台内，其属性如图 13-65 所示。

图 13-64　图层"content_bg"元件 alpha 属性

图 13-65　元件"right_index"属性

⑩ 新建图层"action"，在第 55 帧插入关键帧，并插入动作"stop();"使元件运行到该帧停止。在此元件内其他图层的第 55 帧插入帧。

元件"index"的时间轴如图 13-66 所示。

13.2.3　制作二级页面

(1) 执行【文件】→【导入】→【导入到库】命令，将"sub1.psd"导入到库中，相关设置如图 13-67 所示。库中会建立一个名叫"sub1.psd"的图形元件，打开图形元件，设计好的网页元素会分布到不同图层内，如图 13-68 所示。

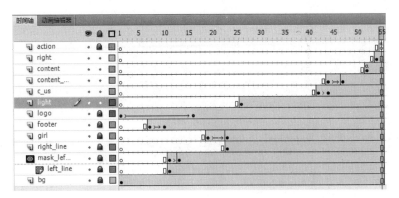

图 13-66 元件"index"时间轴

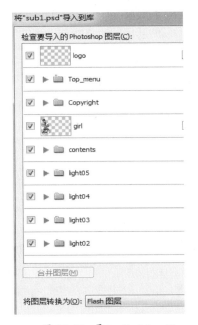

图 13-67 导入"sub1.psd"

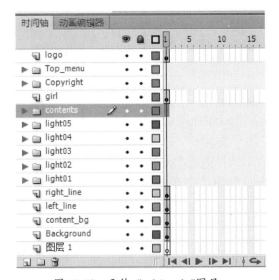

图 13-68 元件"sub1.psd"图层

将库中的图形元件"sub1.psd"转换为影片剪辑,并重命名为"sub1"

(2) 新建影片剪辑"sub",此元件为所有二级页面通用的内容,所以做成一个元件以便多次使用。

将元件"sub1"内的图层"content_bg"、"girl"、"right_line"、"left_line"、"logo"以及图层文件夹"Top_menu"、"light01"、"light02"、"light03"、"light04"、"light05"的所有帧剪切到影片剪辑"sub"内。

① 在元件"sub1"内,选择图层"logo",将已经做好的通用元件"title"替换图层"logo"内的图形,并使位置与原图相同。在第16帧插入关键帧,并创建补间动画。选择第1帧的元件,设置其"alpha"值为1%,如图13-69所示。

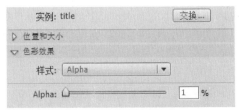

图 13-69 元件"title"alpha 属性

② 选择图层"left_line"，将第 1 帧(关键帧)移动到第 11 帧。在图层"left_line"上面插入新图层，命名为"mask_left_line"。在图层"mask_left_line"的第 11 帧插入关键帧，使用"矩形工具"制作一个能覆盖图层"left_line"内图形的矩形，填充色任意，如图 13-70 所示。在第 13 帧插入关键帧，并创建补间动画。选择第 11 帧内的矩形，移动到右边，如图 13-71 所示。将此图层设置为遮罩层。

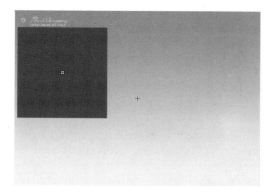 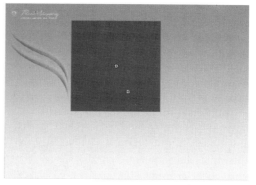

图 13-70 "mask_left_line"遮罩起始位置　　　图 13-71 "mask_left_line"遮罩最终位置

③ 选择图层"girl"，将第 1 帧(关键帧)移动到第 19 帧。在第 23 帧插入关键帧，并创建补间动画。选择第 19 帧的元件，设置其"alpha"值为 0%，如图 13-72 所示。

图 13-72 图层"girl"元件 alpha 属性

④ 选择图层"right_line"，将第 1 帧(关键帧)移动到第 23 帧。

⑤ 新建图层"light"，在第 26 帧插入关键帧。将已经做好的通用元件"light"放入舞台内，与图层文件夹"light01"内图形重合后再向上移动 45 个像素，如图 13-73 所示。删除图层文件夹"light01"、"light02"、"light03"、"light04"、"light05"。

⑥ 新建图层"c_us"，在第 42 帧插入关键帧。将已经做好的通用元件"c_us"放入舞台内，与图层文件夹"Top_menu"内图形重合。在第 44 帧插入关键帧，并创建补间动画。选择第 42 帧内的元件，向上移动到舞台上边缘外，如图 13-74 所示。删除图层文件夹"Top_menu"。

⑦ 选择图层"content_bg"，将第 1 帧(关键帧)移动到第 44 帧。在第 47 帧插入关键帧，并创建补间动画。选择第 44 帧的元件，设置其"alpha"值为 0%，如图所示。

图 13-73　元件"light"位置　　　　　　图 13-74　元件"c_us"位置

图 13-75　图层"content_bg"元件 alpha 属性

⑧ 新建图层"action"，在第 55 帧插入关键帧，并插入动作"stop();"使元件运行到该帧停止。在此元件内其他图层的第 55 帧插入帧。

元件"sub"的时间轴如图 13-76 所示。

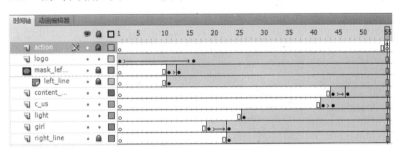

图 13-76　元件"sub"时间轴

（3）新建影片剪辑"content_sub1"，将元件"sub1"内的图层文件夹"contents"内的所有帧剪切到影片剪辑"content_sub1"内。

① 在元件"content_sub1"内，选择图层"Shape"，在第 6 帧插入关键帧，并创建补间动画。选择第 1 帧上的元件，设置其"宽度"和"高度"值为"1"，如图 13-77 所示。

图 13-77　图层"Shape"元件属性

② 选择图层"Beauty Clinic",将第1帧(关键帧)移动到第6帧。在图层"Beauty Clinic"上面插入新图层。在新图层的第6帧插入关键帧,使用"矩形工具"制作一个能覆盖图层"Beauty Clinic"内图形的矩形,填充色任意,如图13-78所示。在第11帧插入关键帧,并创建补间动画。选择第6帧内的矩形,移动到左边,如图13-79所示。将此图层设置为遮罩层。

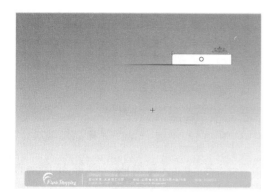 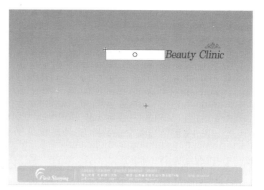

图 13-78 "Beauty Clinic"遮罩位置 　　　图 13-79 "Beauty Clinic"遮罩左移位置

③ 选择图层"line",将第1帧(关键帧)移动到第6帧。在第13帧插入关键帧,并创建补间动画。选择第6帧上的元件,设置其"宽度"值为"1",如图13-80所示。

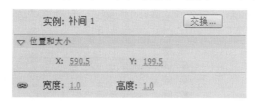

图 13-80 图层"line"元件属性

④ 选择图层"Here are just a few of the top",将第1帧(关键帧)移动到第15帧。在图层"Here are just a few of the top"上面插入新图层。在新图层的第15帧插入关键帧,使用"矩形工具"制作一个能覆盖图层"Here are just a few of the top"内图形的矩形,填充色任意,如图13-81所示。在第19帧插入关键帧,并创建补间动画。选择第15帧内的矩形,移动到上边,如图13-82所示。将此图层设置为遮罩层。

图 13-81 图层"Here..."遮罩位置 　　　图 13-82 图层"Here..."遮罩上移位置

⑤ 选择图层"circle",将第 1 帧(关键帧)移动到第 19 帧。在第 23 帧插入关键帧,并创建补间动画。选择第 19 帧的元件,设置其"宽度"和"高度"值为"1",如图 13-83 所示。

⑥ 选择图层"rose",将第 1 帧(关键帧)移动到第 23 帧。在第 28 帧插入关键帧,并创建补间动画。选择第 23 帧的元件,设置其"alpha"值为 0%,如图 13-84 所示。

图 13-83　图层"circle"元件属性

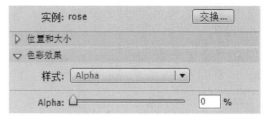

图 13-84　图层"rose"元件 alpha 属性

⑦ 选择图层"Casual Blank is,Student prot",将第 1 帧(关键帧)移动到第 32 帧。在此元件内其他图层的第 32 帧插入帧。

⑧ 新建图层"action",在第 32 帧插入关键帧,并插入动作"stop();"使元件运行到该帧停止。

元件"content_sub1"的时间轴如图 13-85 所示。

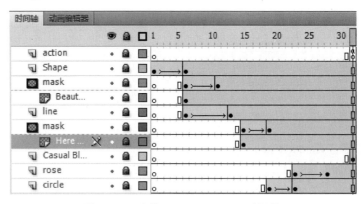

图 13-85　元件"content_sub1"时间轴

(4) 返回元件"sub1"内,新建图层"sub",将制作好的通用元件"sub"放入舞台内,位置如图 13-86 所示,其属性如图 13-87 所示。

① 新建图层"footer",在第 7 帧插入关键帧。将已经制作好的元件"footer_sub1"放入舞台内,与图层文件夹"Copyright"内图形重合。在第 10 帧插入关键帧,并创建补间动画。选择第 7 帧内的元件,向下移动到舞台下边缘外,并设置其"alpha"值为 0%,如图 13-88 所示。删除图层文件夹"Copyright"。

② 新建图层"contents",在第 55 帧插入关键帧,将制作好的元件"contents_sub1"放入舞台内,其属性如图 13-89 所示。

③ 新建图层"action",在第 55 帧插入关键帧,并插入动作"stop();"使元件运行到该帧停止。在此元件内其他图层的第 55 帧插入帧。

图 13-86　元件"sub"位置

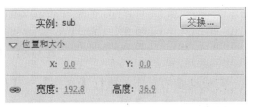

图 13-87　元件"sub"属性

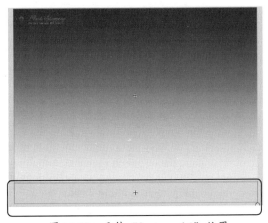

图 13-88　元件"footer_sub1"位置

图 13-89　元件"contents_sub1"属性

元件"sub1"的时间轴如图 13-90 所示。

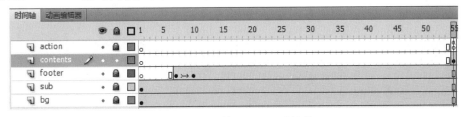

图 13-90　元件"sub1"时间轴

使用相同方法制作二级页面"sub2"、"sub3"、"sub4"。

13.2.4　合成页面

返回根场景，在图层的第 2 帧到第 5 帧分别插入关键帧，将制作好的元件"index"、"sub1"、"sub2"、"sub3"、"sub4"分别放入第 1 帧到第 5 帧这五个关键帧内。

在第 1 帧(关键帧)上插入动作"stop();"使元件运行到该帧停止。

根场景时间轴如图 13-91 所示。

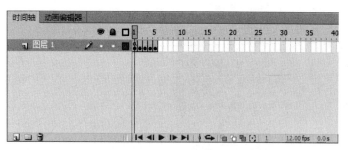

图 13-91　根场景时间轴

完成动画的制作，执行【文件】→【保存】命令，将动画保存为"第十三章.fla"。按【Ctrl+Enter】快捷键测试动画。

参 考 文 献

[1] Adobe 公司.Adobe Flash CS4 中文版经典教程[M].北京：人民邮电出版社，2009.

[2] 陈冰.Flash 第一步[M].北京：清华大学出版社，2006.

[3] 于鹏，闫建红，朱光明.Flash 网络广告及动漫设计[M].北京：清华大学出版社，2007.

[4] 左超红，周江北.Flsah CS3 动画制作傻瓜书[M].北京：清华大学出版社，2008.

[5] 陈冰.Flash 第 1 步：ActionScript 编程篇[M].北京：清华大学出版社，2006.

[6] www.adobe.com